深入浅出 5G 技术系列

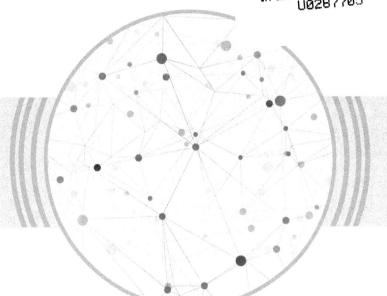

# 深入浅出
# 5G 核心网技术

饶　亮◎编著

電子工業出版社·

**Publishing House of Electronics Industry**

北京 · BEIJING

## 内 容 简 介

本书是一本介绍 5G 核心网的技术图书，较为系统地介绍了 5G 核心网的基本原理、关键技术、网络部署及运维案例等内容，带领读者由浅入深、较为全面地认识 5G 核心网：第 1 章从移动通信的发展历程开始，介绍了 5G 的发展历史；第 2 章深入浅出地讲解了 5G 核心网非独立组网（NSA）和独立组网（SA）的架构；第 3 章对 5G 核心网运维关键技术进行了阐述，着重介绍了切片技术和边缘计算技术；第 4 章对核心网部署方案进行了讲解；第 5 章对 5G 网络智能运维做了深入探讨；第 6 章对 5G 应用解决方案进行了介绍；第 7 章对 5G 的安全进行了说明；第 8 章对未来技术发展进行了展望。

本书适用于从事 5G 移动通信网络运维的技术人员、管理人员参考使用，也可以供高校相关专业的师生阅读参考。

**图书在版编目（CIP）数据**

深入浅出 5G 核心网技术 / 饶亮编著. —北京：电子工业出版社，2022.1
（深入浅出 5G 技术系列）

ISBN 978-7-121-42416-8

Ⅰ.①深… Ⅱ.①饶… Ⅲ.①第五代移动通信系统 Ⅳ.①TN929.538

中国版本图书馆 CIP 数据核字（2021）第 240166 号

责任编辑：刘志红（lzhmails@phei.com.cn）          特约编辑：王　纲
印　　刷：北京虎彩文化传播有限公司
装　　订：北京虎彩文化传播有限公司
出版发行：电子工业出版社
　　　　　北京市海淀区万寿路 173 信箱　　邮编　　100036
开　　本：720×1 000　1/16　印张：10.5　字数：166.6 千字
版　　次：2022 年 1 月第 1 版
印　　次：2023 年 3 月第 3 次印刷
定　　价：98.00 元

前言
PREFACE

　　当前，世界正经历百年未有之大变局，经济社会环境发生了复杂而深刻的变化，信息通信业也面临新的形势、新的变化。经过多年的孕育发展，第四次工业革命正处在重大突破的关口，新型冠状病毒肺炎疫情加速了全社会数字化、网络化、智能化的进程，数字化时代的大幕全面开启。预计 2020—2035 年，5G 将拉动全球 GDP 增长率提升 7.4%，创造经济总产出将达到 13.1 万亿美元。5G 将为经济的新一轮增长注入强劲的内生动力，拓展面向数字生活、生产、治理的信息服务新业态、新模式，打造经济社会民生数智化转型升级的创新引擎。

　　目前，5G 正处在大力发展的关键时期，各国力争引领全球 5G 标准的落地与产业发展。与此同时，随着生活水平的提高，人们对 5G 的关注度也越来越高。目前市场上与 5G 相关的图书主要集中在标准和应用场景方面，系统阐述 5G 核心网的书较少，特别是与 5G 核心网运维相关的图书就更少了，远不能满足广大移动通信行业从业者和相关爱好者的需求。针对此情形，编者从自己多年从事移动通信核心网的工作实践出发，结合理论研究编写了本书，以期为相关人员提供参考。本书适合从事 5G 移动通信网，特别是核心网运维的技术人员、管理人员参考用，也可供高等院校相关专业的师生阅读参考。

本书较为系统地介绍了 5G 核心网的基本原理、关键技术、网络部署及运维案例等内容，能帮助读者由浅入深地认识 5G 核心网。全书分为 8 章。第 1 章主要介绍 5G 发展概要。第 2 章主要介绍 5G 核心网架构。第 3 章重点介绍 5G 核心网关键技术。第 4 章对 5G 核心网部署方案进行讲解。第 5 章主要介绍 5G 网络智能运维。第 6 章介绍 5G 行业应用解决方案。第 7 章对 5G 网络安全进行说明。第 8 章对未来技术发展进行展望。

　　本书在编写过程中借鉴了国内外 5G 标准，以及相关的技术论文和资料。由于编者水平有限，加之时间仓促，书中错误和疏漏之处在所难免，恳请广大读者批评指正。

编　者

2021 年 9 月

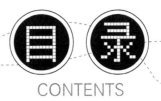

CONTENTS

# 第 1 章

# 5G 发展概要

## 1.1 引言

5G（5th Generation）代表第五代移动通信技术。现在流行的一句口号是"4G改变生活，5G 改变社会"。5G 的出现将会极大地改变人们现有的生产和生活方式。首先，5G 的网络传输速率是 4G 的 10 倍，在 4G 网络环境下半小时才能下载完成的大型游戏和视频文件，在 5G 网络环境下起身倒杯水的时间就能高速、无损地完成下载。其次，5G 的网络连接密度更大，每平方千米最大连接数是 4G 的 10 倍，可支持100 万个连接同时在线。5G 关键能力示意图如图 1.1 所示。

2015 年 10 月 26～30 日，在瑞士日内瓦召开的无线电通信全会上，国际电信联盟无线电通信部门（ITU-R）正式批准了三项有利于推进未来 5G 研究进程的决议，并正式确定了 5G 的法定名称是"IMT-2020"。ITU 为 5G 定义了 eMBB（Enhanced Mobile Broadband，增强型移动宽带）、mMTC（Massive Machine Type of Communication，海量机器类通信）、uRLLC（Ultra Reliable Low Latency Communications，高可靠、低时延通信）三大应用场景。

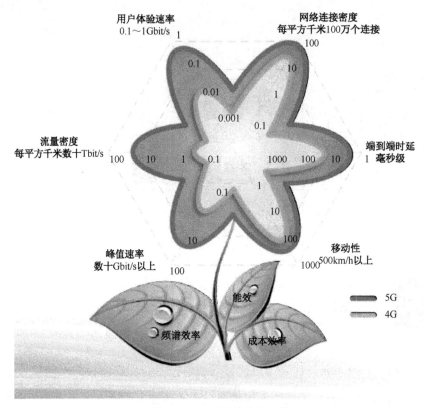

图 1.1　5G 关键能力示意图

5G 具有以下特点。

高速率：5G 的网络传输速率是 4G 的 10 倍以上，在 5G 网络环境比较好的情况下，1GB 文件只需 1～3s 就能下载完成。

低时延：5G 的网络时延已达到毫秒级，仅为 4G 的十分之一。

大容量：5G 网络容量更大，即使 50 个用户在一个地方同时上网，也能有 100Mbit/s 以上的体验速率。

本章主要介绍移动通信发展历程、5G 部署情况、5G 标准及组织、5G 核心技术等内容。

## 1.2 移动通信发展历程

总的来说，从 1G 到 3G 以"人对人"沟通为主，4G 以"人对信息"处理为主，而 5G 则能实现"人对万物"及"万物对万物"的连接。5G 采用全球统一的技术标准，将对远程医疗、智慧农业、智慧城市、自动驾驶汽车、无人机等 2B 行业产生巨大的影响。

### 1.2.1 1G 时代

1G 主要解决的是语音通信问题。作为移动通信的鼻祖，第一代移动通信系统于 1986 年在美国芝加哥诞生，它是以模拟技术为基础的蜂窝无线电话系统。第一代移动通信技术只能应用于语音传输，且语音品质低，信号不稳定，涵盖范围小。其主要系统为 AMPS（Advanced Mobile Phone System）。该系统只能用于语音通信，不能上网。除此之外，它还有众多弊端，如保密性差、系统容量有限、频率利用率低、设备成本高等。国内刚刚建立 1G 网络时，用户手中拿的还是大块头的摩托罗拉 8000X，俗称大哥大，有 A 网和 B 网之分。当时，一部大哥大的售价高达数万元，而入网费为数千元。

### 1.2.2 2G 时代

20 世纪 90 年代，人们进入了 2G 时代，开启了数字蜂窝通信，摆脱了模拟技术的缺陷，移动通信技术得到了跨时代的提升。虽然 2G 仍定位于语音业务，但开始引入数据业务，支持窄带的分组数据通信（GPRS）。从 1G 时代跨入 2G 时代，移动通信技术相应地从模拟调制进入数字调制。2G 网络语音质量较佳，保密性较强。手机可以发短信、上网。2G 标准分为欧洲主推的 GSM（基于 TDMA）与美国主推的 CDMA。

## 1.2.3 3G 时代

国际电信联盟在 1985 年就提出了第三代移动通信系统的概念，并在 1996 年发布了第三代移动通信标准 IMT-2000，2000 年 5 月，确定了 WCDMA、CDMA2000、TD-SCDMA 三大主流无线标准；2007 年，WiMAX 成为 3G 的第四大标准。我国于 2009 年 1 月 7 日颁发了三张 3G 牌照，分别是中国移动的 TD-SCDMA、中国联通的 WCDMA 和中国电信的 CDMA2000。TD-SCDMA 是我国自主研发的第三代移动通信标准，较其他标准起步晚且产业薄弱。中国移动扛起了 TD-SCDMA 产业大旗，并为 4G 时代的 TD-LTE 奠定了产业基础。

## 1.2.4 4G 时代

在 3G 发展的同时，4G 的研发已经开始。4G 的网络传输速率是 3G 的 50 倍以上，可实现视频画面高质量传输。2005 年 6 月，在法国召开的 3GPP 会议上，我国提出了基于 OFDM 的 TDD 演进模式的方案。同年 11 月，在首尔举行的 3GPP 工作组会议通过了 TD-SCDMA 后续演进的 TD-LTE 技术提案，中国移动发挥了核心作用。

4G 包括 TD-LTE 和 FDD-LTE 两种制式，是专门为移动互联网设计的通信技术，网速、容量、稳定性相比之前的 3G 都有飞跃式提升。2013 年 12 月，工业和信息化部向中国移动、中国电信、中国联通颁发了第四代数字蜂窝移动通信业务（TD-LTE）牌照。至此，移动互联网的网速达到了一个全新的高度，中国移动建成了全球最大规模的 4G 网络。

## 1.2.5  5G 时代

5G 网络保持了稳定、高速、可靠的特性。在标准制定方面，无论是网络切片、边缘计算，还是网络功能虚拟化，都考虑了上述三个特性。

从 1G 到 5G 的演进见表 1.1，由此可以看出移动通信的发展历程。

表 1.1  从 1G 到 5G 的演进

| | 1G | 2G | 3G | 4G | 5G |
|---|---|---|---|---|---|
| 起始/部署时间 | 1970/1980 | 1980/1990 | 1990/2000 | 2000/2010 | 2015/2020 |
| 理论下载速率（峰值） | 2kbit/s | 384kbit/s | 21Mbit/s | 1Gbit/s | 10Gbit/s |
| 无线网往返时延 | N/A | 600ms | 200ms | 10ms | <1ms |
| 单用户体验速率 | N/A | N/A | 440kbit/s | 10Mbit/s | 100Mbit/s |
| 标准 | AMPS | TDMA/CDMS/GSM/EDGE/GPRS/1xRTT | WCDMA/CDMA 2000/TD-SCDMA | FDD-LTE/TD-LTE/WiMAX | 5G NR |
| 支持服务 | 模拟通信（语音） | 数字通信（语音、短信、全 IP 包交换） | 高质量数字通信（音频、短信、网络数据） | 高速数字通信（VoLTE、高速网络数据） | eMBB、mMTC、uRLLC |
| 多址方式 | FDMA | TDMA/CDMA | CDMA | OFDM | F-OFDM/FBMC/PDMA/SCMA |
| 信道编码 | N/A | Turbo | Turbo | Turbo | LDPC/Polar |
| 核心网 | PSTN（公共交换电话网） | PSTN（公共交换电话网） | PS-CS Core（包-电路交换核心网） | EPC（全 IP 分组网） | 5GC（虚拟化、网络切片、边缘计算） |
| 天线技术 | 全向天线 | 60°/90°/120°定向天线 | ±45°双极化、多频段天线 | MIMO 天线 | Massive MIMO 天线（16T16R 以上） |

续表

|  | 1G | 2G | 3G | 4G | 5G |
|---|---|---|---|---|---|
| 单载波带宽 | N/A | 200kHz | 5MHz | 20MHz | 根据场景可变（10～200MHz） |
| 数字调制技术（最高） | N/A | GMSK/8PSK/16QAM | 32QAM | 256QAM | 1024QAM |

5G 网络端到端的技术特征如图 1.2 所示，从下往上依次是新终端、新无线网、新传输网、新核心网、新业务，它们都有不同程度的创新和发展。

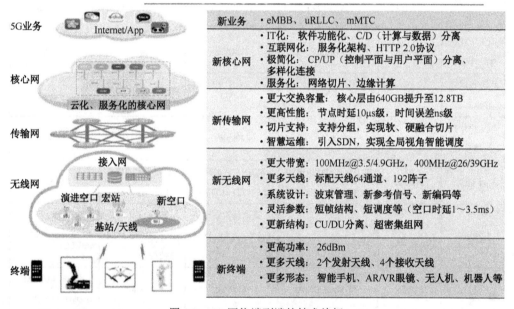

图 1.2　5G 网络端到端的技术特征

5G 网络关键能力指标包括用户体验速率、峰值速率、流量密度、连接密度、时延、移动速度、频谱效率和能耗效率，具体见表 1.2。

表 1.2 5G 网络关键能力指标

| 能力指标 | ITU-T 目标值 | 实现技术 |
| --- | --- | --- |
| 用户体验速率 | 100Mbit/s～1Gbit/s | 用户随时随地体验，挑战大 |
| 峰值速率 | 10～20Gbit/s | 大带宽、多流传输、高阶调制 |
| 流量密度 | 每平方千米 10Tbit/s | 超密集组网、站间协作 |
| 连接密度 | 每平方千米 100 万个连接 | 物联网、非正交多址、免调度等 |
| 时延 | 1ms 空口 | 帧结构、编解码、重传机制、网络架构 |
| 移动速度 | 500km/h | 主要采用低频段 |
| 频谱效率 | 3～5 倍 | 大规模天线、非正交多址 |
| 能耗效率 | 100 倍 | 传输技术、芯片技术、组网方案 |

# 1.3 5G 部署情况

## 1.3.1 全球 5G 部署进展情况

全球 5G 部署进展情况如图 1.3 所示。GSA 发布的截至 2020 年 12 月的通信网络数据显示，当前已经有 140 个运营商推出了 5G 商用网络，61 个运营商正在做 5G SA 网络（包括已商用和正在试验的），59 个国家和地区可以使用 5G 网络。

韩国在 5G 领域的综合实力处于领先地位。韩国在运营商投放、网络覆盖率、用户使用率、5G 频谱可用性和监管生态系统这五方面的表现都超出了预期。

截至 2020 年 5 月底，韩国 5G 网络用户已达到约 700 万个，相当于所有移动服务账户的 10%。鉴于韩国政府计划在 2026 年之前为 5G 网络提供 2640MHz 带宽，这一发展趋势在未来几年内将持续下去。不过，目前韩国 5G 网络服务质量还有待提升。截至 2020 年 5 月 1 日，韩国 5G 基站数量为 11.5 万个，仅为 4G 基站数量的 13%，且大部分集中在首都圈、大城市及高速公路一带。数据显示，目前韩国三大通信运营商的 5G 网速仅为 4G 的 3～5 倍。韩国各大通信运营商已开始计划建设高频段基站。手机制造商则表示在相应基站初步组网后再推出配套的手机终端。通信业界分析，韩国进入真正的 5G 时代至少还需要 2～3 年。韩国三大通信运营商已同意在未来 18 个月内投资 220 亿美元（25.7 万亿韩元），以扩大全国的 5G 基础设施，截止时间为 2022年。这样做的目的是提高首尔和其他 6 个都会城市的 5G 网络质量。

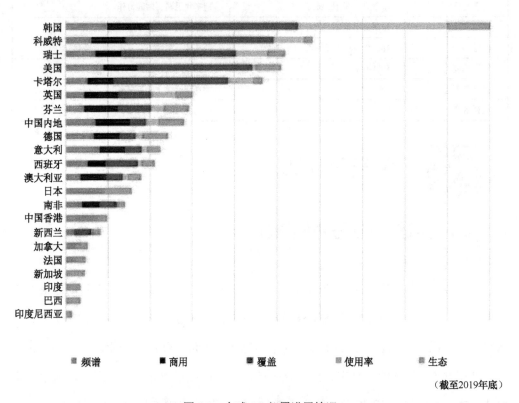

频谱 ▪商用 ▪覆盖 使用率 生态

（截至2019年底）

图 1.3　全球 5G 部署进展情况

在 5G 部署方面，美国四大运营商担起了重任。AT&T 在 2018 年便在 12 个城市宣布发布 5G 应用方案，并于 2019 年提供 5G 智能手机服务。据 AT&T 官网 2020 年 7 月 23 日报道，AT&T 实现了 5G 网络全国覆盖，企业用户及个人用户均可接入。Verizon 于 2018 年 10 月在美国 4 个城市推出了 5G 家庭宽带，到 2019 年 10 月增至 13 个城市。Verizon 共投入 19 亿美元购买 5G 频谱资源，并与三星签订了价值 7.9 万亿韩元的网络设备长期供应合同。Sprint 从 2019 年 5 月开始在 4 个城市部署商用 5G 网络，

2019 年 10 月增至 9 个城市。2020 年，Sprint 正式与 T-Mobile 合并。合并后的公司以 New T-Mobile 的新名称运营。New T-Mobile 计划在未来几年内提高 5G 网速，覆盖 90% 的美国农村地区，平均网速达到 50Mbit/s。T-Mobile 于 2019 年 6 月推出基于毫米波的 5G 网络。T-Mobile 日前宣布其中频 5G 覆盖已扩展至 81 个新城市，并且正在推进一项计划，以在 2020 年底之前在数千个地方将 Sprint 的 2.5GHz 频谱资源利用起来。

2020 年 4 月，日本三大电信运营商正式对外推出 5G 网络商用服务。这也意味着日本正式进入 5G 时代，但从全球发展来看起步较晚。日本企业主要致力于日本 5G 通信网络建设。在 5G 基站建设领域，2019 年，华为、爱立信、诺基亚三家占据全球通信基站市场份额的 75.5%，而日本企业占比较低，日本电气公司占比为 0.7%，富士通占比为 0.6%。不过，现在日本正在努力追赶中，不断加大政策和资金上的投入。日本内务和通信省于 2020 年 6 月宣布，到 2023 年底将 5G 基站数量增加到 21 万个，为初始计划的 3 倍；还将通过税收优惠措施，促进 5G 基站和本地 5G 网络的引入，并扩大 5G 频率范围，同时将加快推进作为 5G 基础设施的光纤网络建设。

英国是全世界第三个实现 5G 商用的国家，首家推出 5G 服务的英国运营商是英国电信公司旗下的 EE。EE 目前已在英国 71 个城市提供 5G 服务。沃达丰于 2019 年推出基于非独立（NSA）技术的商用 5G 服务。2020 年，沃达丰开启了英国最早的 5G 实时独立（SA）部署，并为考文垂大学建立了新的网络，SA 技术同时使用 5G 核心网和无线电网络。英国电信运营商 O2 在 2019 年 10 月启动 5G 商用，并在 2020 年 1 月将 5G 网络覆盖城市扩大到 20 个。

法国政府在 2018 年发布了 5G 发展路线图，计划自 2020 年起分配首批 5G 频段，并至少在一个法国大城市提供 5G 商用服务，2025 年前实现 5G 网络覆盖法国主要交通干道。2019 年底，法国电信监管机构 Arcep 宣布，最快将于 2020 年 3 月启动 5G 频谱牌照的分配程序。法国曾计划于 2020 年 1 月开始部署 5G 技术，但由于政府部门和电信运营商的分歧，导致 5G 频谱拍卖推迟，从而令 5G 在法国的商业投放推迟了三个月。Arcep 的规范规定，每个运营商必须在 2020 年底之前至少在两个城市推出 5G 服务。每个运营商都应在 2022 年前部署 3 000 个站点，到 2024 年部署 8 000 个站点，到 2025 年部署 10 500 个站点。

## 1.3.2 中国 5G 部署进展情况

2019 年 6 月 6 日，工业和信息化部发放了 4 张 5G 牌照，分别给了中国电信、中国移动、中国联通和中国广电。虽然比预期的发放时间要早很多，但中国电信、中国移动、中国联通三家电信运营商早已开始行动，不但部署了 5G 测试站，还为市场开拓做了宣传。中国成为继韩国、美国、瑞士、英国后第五个实现 5G 商用的国家。中国移动于 2019 年 6 月 25 日举办了"中国移动 5G＋"发布会，愿景是"开放、共享，积极改变社会"。中国移动获得了 2 515～2 575MHz、4 800～4 900MHz 共 160MHz 带宽。中国电信于 2018 年 9 月 13 日正式启动了"Hello 5G"行动计划，品牌口号是"赋能未来"。中国电信获得了 3 400～3 500MHz 共 100MHz 带宽。中国联通于 2019 年 4 月 23 日公布了品牌宣传语："让未来生长"。中国联通获得了 3 500～3 600MHz 共 100MHz 带宽。2019 年 10 月 31 日，中国电信、中国移动和中国联通三大运营商共同宣布推出 5G 套餐，2019 年 11 月 1 日正式启动 5G 网络服务。5G 网络正式商用后，我国 5G 用户规模与网络覆盖范围迅速扩大。2020 年，我国 5G 网络建设稳步推进，按照适度超前原则，截至 2020 年底新建 5G 基站超过 60 万个，已开通 5G 基站超过 71.8 万个。其中，中国电信和中国联通共建共享 5G 基站超过 33 万个。5G 网络已覆盖全国地级以上城市及重点县市，基站总规模在 2020 年全球遥遥领先。三家电信企业均在 2020 年第四季度开启 5G SA 组网规模商用，使我国成为全球 5G SA 商用第一梯队国家。我国 5G 用户规模以每月新增千万用户的速度不断扩大，至 2020 年底，我国 5G 手机终端连接数已近 2 亿户。5G 行业应用逐步落地商用，"5G＋工业互联网"在建项目超过 1100 个，分布在矿山、港口、钢铁、汽车等多个行业，已形成一批较为成熟的解决方案。

中国广电获得了 5G 牌照和 700MHz 优质频段。2019 年 9 月 27 日，中国广电在上海虹口启动了首批 5G 测试基站的部署，基于独立组网的方式开展网络建设，测试基站采用 4.9GHz 频段。2019 年 11 月 23 日，中国广电 5G 基站在长沙开通，这是全球首个 700MHz＋4.9GHz 的 5G 基站。2021 年 1 月 26 日，中国移动与中国广电在北京签署了"5G 战略"合作协议，正式启动 700MHz 5G 网络共建共享。根据该协议，双方将充分发挥各自在 5G 技术、频率、内容等方面的优势，坚持双方 5G 网络资源共享、700 MHz 网络共建、业务生态融合共创，共同打造"网络＋内容"生态，以高效集约的方式加快 5G 网络覆盖，推动 5G 融入百业、服务大众，让 5G 赋能有线电视网络、助力媒体融合发展，不断满足人民群众精神文化生活需要；努力用 5G 服务网络强国、数字中国、智慧社会建设，进一步提升全社会的数字化、信息化水平，更好地满足人民群众对美好生活的新期待。

## 1.4　5G 标准及组织

### 1.4.1　国际电信联盟

国际电信联盟（International Telecommunication Union，ITU）是联合国专门机构之一，主管信息通信技术事务，由无线电通信、电信标准化和电信发展三大核心部门组成，包括 193 个成员国和 700 多个部门成员及部门准成员，其前身为根据 1865 年签订的《国际电报公约》成立的国际电报联盟。1932 年，70 多个国家的代表在马德里开会，决定把《国际电报公约》和《国际无线电公约》合并为《国际电信公约》，并把国际电报联盟改名为国际电信联盟。1934 年 1 月 1 日，新公约生效，该联盟正式成立。1947 年，国际电信联盟成为联合国的一个专门机构，总部从瑞士的伯尔尼迁到日内瓦。2015 年 1 月 1 日，首位中国籍国际电信联盟秘书长赵厚麟正式上任，任期 4 年。2015 年 6 月 24 日，国际电信联盟公布 5G 技术标准化的时间表，5G 技术的正式名称为 IMT-2020，5G 标准在 2020 年制定完成。

ITU 主要分为电信标准化部门（ITU-T）、无线电通信部门（ITU-R）和电信发展部门（ITU-D）。ITU 每年召开一次理事会，每 4 年召开一次全权代表大会、世界电信标准大会和世界电信发展大会，每两年召开一次世界无线电通信大会。

### 1. 电信标准化部门

目前，电信标准化部门主要活动的有 10 个研究组，具体如下。

SG2：业务提供和电信管理的运营问题。

SG3：包括相关电信经济和政策问题在内的资费及结算原则。

SG5：环境和气候变化。

SG9：电视和声音传输及综合宽带有线网络。

SG11：信令要求、协议和测试规范。

SG12：性能、服务质量（QoS）和体验质量（QoE）。

SG13：包括移动和下一代网络（NGN）在内的未来网络。

SG15：光传输网络及接入网基础设施。

SG16：多媒体编码、系统和应用。

SG17：安全。

### 2. 无线电通信部门

目前，无线电通信部门主要活动的有 6 个研究组，具体如下。

SG1：频谱管理。

SG3：无线电波传播。

SG4：卫星业务。

SG5：地面业务。

SG6：广播业务。

SG7：科学业务。

### 3．电信发展部门

电信发展部门由原来的电信发展局（BDT）和电信发展中心（CDT）合并而成。其职责是鼓励发展中国家参与 ITU 的研究工作，组织召开技术研讨会，使发展中国家了解 ITU 的工作，尽快应用 ITU 的研究成果；鼓励国际合作，为发展中国家提供技术援助，在发展中国家建设和完善通信网。目前，ITU-D 设立了两个研究组，具体如下。

SG1：电信发展政策和策略研究。

SG2：电信业务、网络和 ICT 应用的发展和管理。

### 1.4.2 3GPP

3GPP（3rd Generation Partnership Project，第三代合作伙伴计划）成立于 1998 年 12 月，由多个电信标准组织共同签署了《第三代合作伙伴计划协议》。3GPP 最初的工作是为第三代移动通信系统制定全球适用的技术规范和技术报告。第三代移动通信系统基于 GSM 核心网及其所支持的无线接入技术，主要是 UMTS。后来，3GPP 的工作范围得到扩展，增加了对 UTRA 长期演进系统的研究和标准制定。目前，欧洲的 ETSI、美国的 ATIS、日本的 TTC 和 ARIB、韩国的 TTA、印度的 TSDSI 及我国的 CCSA 是 3GPP 的 7 个组织伙伴（OP），其独立成员超过 550 个。此外，3GPP 还有 TD-SCDMA 产业联盟（TDIA）、TD-SCDMA 论坛、CDMA 发展组织（CDG）等 13 个市场伙伴（MRP）。

在 3GPP 的组织结构中，项目协调组（PCG）是最高管理机构，代表 OP 负责全面协调工作，如负责 3GPP 组织架构、时间计划、工作分配等。技术方面的工作由技术规范组（TSG）负责。目前，3GPP 有 3 个 TSG，分别为 TSG RAN（无线接入网）、TSG SA（业务与系统）、TSG CT（核心网与终端）。每个 TSG 下面又分为多个工作组（WG），每个 WG 分别承担具体的任务，目前共有 16 个 WG。3GPP 制定的标准规范以 Release 作为版本进行管理，平均 1～2 年就会完成一个版本的制定，目前已经发展到 R17 版本。

# 1.5　5G 核心技术

## 1.5.1　5G 核心网的十大关键原则

5G 核心网的十大关键原则如下。

（1）将用户平面功能和控制平面功能分开，允许独立的可扩展性、演进和灵活部署。

（2）采用模块化功能设计，以网络切片为代表。

（3）将流程（网络功能之间的交互集）定义为服务，以便重复使用。

（4）允许每个网络功能直接与其他网络功能交互。

（5）最小化接入网和核心网之间的依赖关系，该架构由融合核心网和共同的 AN-CN 接口定义，该接口集成了不同的接入类型。

（6）支持统一的身份验证机制。

（7）支持"无状态"的网络功能，将计算资源和存储资源分离。

（8）支持网络能力对外开放，如非 3GPP 网络也可以接入。

（9）支持并发接入本地和集中服务。为了支持低时延服务接入本地数据网络，可以将用户平面功能部署在接入网附近。

（10）支持漫游，包括归属路由区流量及本地之外的流量。

### 1.5.2 5G 核心技术的特点

5G 拥有两大核心技术：网络切片和边缘计算（MEC）。

网络切片，本质上就是将运营商的物理网络划分为多个虚拟网络，每个虚拟网络根据不同的服务需求，如时延、带宽、安全性和可靠性来定制，可以灵活地应对不同的网络应用场景。

5G 网络需要满足大量并行业务上线的需求，保证端到端的性能，基于虚拟化技术的网络切片可以应对多连接和多样化业务，可以像搭积木一样实现动态化资源部署。第 3 章将详细介绍网络切片技术。

边缘计算是一种分散式计算架构。在这种架构下，将应用程序、数据资料与服务的计算，由网络中心节点移往网络逻辑上的边缘节点来处理。进入 5G 时代，网络连接设备会大量增加，会产生庞大的数据量或相应的指令分析，如果这些数据都由核心管理平台来处理，则在敏捷性、实时性、安全和隐私等方面都会出现问题。边缘计算将原本完全由中心节点处理的大型服务加以分解，切割成更小与更容易管理的部分，分散到边缘节点去处理。边缘计算和云计算相互协同、互为补充，可共同推动行业数字化转型。边缘计算靠近设备端，着眼于实时、短周期数据的分析，可为云端数据采集做贡献，支撑云端应用的大数据分析。第 3 章将详细介绍边缘计算技术。

## 1.6 5G 与经济发展趋势

经济增长的核心诉求是以更高的生产效率满足不断膨胀的社会需求，熊彼得的生产要素创新与佩雷斯的"技术—经济"范式都肯定了经济增长的初始驱动力来自技术创新——阶段性的技术大爆炸与随后的延续性技术创新，它们塑造了经济长周期的基础形态。充分发挥创新技术的经济价值，离不开稳定的新产业市场、完备的新基础设施及适应技术发展的新生产形态。新产业市场是创新技术的商业载体，新基础设施是发挥创新技术优势的能力保证，新生产形态是释放技术价值的生产关系。

生产资料所有制不但会改变生产关系，更会影响社会结构，进而改变社会。生产关系是人们在物质资料的生产过程中形成的社会关系。在互联网时代，这种关系已经发生了潜移默化的改变，以传统制造业为代表的工业社会的社会化大生产模式已经被以现代服务业为代表的数字社会信息主导的生产模式所取代。人的社会关系也从真实世界延伸到虚拟世界。

数字化转型已经成为各主要经济体的共同战略选择。5G 与大数据、云计算、人工智能等信息技术的有机融合，对数字经济的发展起到了重要的推动作用，为数字经济的发展带来了新的技术红利，并成为全球经济增长的新动力。从技术上讲，5G 将极大地推动各种新技术的快速应用。在数字经济中，数字化是基础，网络化是支撑，智能化是目标。数字经济以数据为生产要素，通过网络化实现数据的价值变现，通过智能化为各行各业创造经济和社会价值。数字经济的本质在于信息化，其核心要素是数据。

数据及 5G、云计算、人工智能等科学技术共同构成了数字经济时代的生产资料。数字经济时代的生产资料所有制，即对数据及相关先进科学技术的占有、支配、使用等经济关系，将对现有生产关系起决定性作用。

5G 是经济社会数字化转型的关键赋能器。5G 将与云计算、大数据、人工智能、VR、AR 等技术深度融合，成为各行各业数字化转型的关键基础设施。

# 第2章

# 5G 核心网架构

## 2.1 引言

5G 网络提出了"万物互联"的目标及 eMBB、mMTC 和 uRLLC 三大应用场景。eMBB 可以提供更高的网络传输速率、移动性及频谱效率,可以满足 4K/8K 超高清视频、VR/AR 等大流量应用,为用户提供更好的使用体验。mMTC 和 uRLLC 是针对垂直行业推出的全新场景,分别在流量密度、连接密度、端到端时延、可靠性方面进行了网络设计,用以满足物联网、车联网、工业控制、智慧工厂等应用。

为满足不同场景下多样化的业务需求,需要提供灵活的、按需服务的 5G 核心网。5G 核心网充分借鉴各领域技术优势,打破传统局限,通过架构变革提供全新能力,但也给网络部署和实现带来了一些问题和挑战。

本章主要介绍 5G 核心网架构与传统核心网架构的区别、5G 部署架构、5G NSA 与 SA 组网对比等内容。

## 2.2 5G 核心网架构与传统核心网架构的区别

**1. 5G 核心网架构与传统核心网架构的显著区别**

（1）控制平面网络功能，摒弃传统的点对点通信方式，采用统一的服务化架构和接口。

（2）控制平面与媒体平面分离。

（3）移动性管理与会话管理解耦。

（4）各种接入方式都通过统一的机制接入网络。例如，非 3GPP 方式也通过统一的 N2/N3 接口接入 5G 核心网。

**2. 5G 核心网的主要节点**

AMF：主要负责访问和移动管理功能（控制平面）。

UPF：用于支持用户平面功能。

SMF：主要负责会话管理功能。

**3. 5G 应用场景**

5G 应用场景包括自动驾驶、智能电网、智能工厂、无人机物流、无人机高清视频传输、远程医疗、虚拟现实、智慧园区、远程教育、气象系统、智能家居等。

**4. 5G 性能指标**

5G 性能指标包括用户体验速率、连接密度、端到端时延、移动性、流量密度和用户峰值速率。

用户体验速率是指真实网络环境下用户可获得的最低传输速率。

连接密度是指单位面积区域内支持的在线设备总和。

端到端时延是指数据包从源节点开始传输到被目的节点正确接收的时间。

移动性是指满足一定性能要求时，收发双方之间的最大相对移动速度。

流量密度是指单位面积区域内的总流量。

用户峰值速率是指单用户可获得的最高传输速率。

### 5．5G 标准中的关键性指标要求

1）峰值传输速率

5G 标准要求单个 5G 基站至少能够支持 20Gbit/s 的下行链路及 10Gbit/s 的上行链路。这是单个 5G 基站可以处理的总流量。理论上，如果固定的无线宽带用户使用专用的点到点连接，那么他们可以获得接近 5G 标准的传输速率。

2）连接密度

5G 必须支持每平方千米区域内至少连接 100 万台设备。

3）移动性

与 LTE 和 LTE-Advanced 类似，5G 标准要求基站能够支持速度高达 500km/h 的设备（如高铁）连接。

4）能效

5G 标准要求在有负载的状态下保持高能效，而在空闲的状态下能够迅速切换成低能耗模式。

5）时延

在理想情况下，5G 网络时延最长不能超过 4ms，而 LTE 网络时延的要求则是 20ms。不过，要想实现高可靠、低时延通信，5G 网络时延必须低于 1ms。

6）频谱效率

5G 峰值频谱效率与 LTE-Advanced 相同，都是上行 30bit/Hz、下行 15bit/Hz，相当于 8×4 MIMO。

7）实际传输速率

不论单个 5G 基站的峰值容量是多少，每个用户的下载和上传速率都必须达到 100Mbit/s 及 50Mbit/s。

# 2.3 5G 部署架构

为了从 4G LTE 顺利过渡到 5G，3GPP 提出了一个过渡方案——NSA（Non-Stand Alone）部署，即以 LTE 为锚点，实现 NR 与 LTE 双连接。NSA 的标准化工作已在 2017 年 12 月完成。5G 移动通信系统主要包含两部分：无线接入网（Radio Access Network，RAN）和核心网（Core Network，CN）。无线接入网主要由基站组成，为用户提供无线接入功能。核心网则主要为用户提供互联网接入服务和相应的管理功能等。SA（Stand Alone）部署即 5G 网络（包括核心网和无线接入网）独立部署，也是 5G 部署的终极目标，只有 SA 部署才能满足网络切片、边缘计算等相关需求。

在 4G LTE 系统中，基站和核心网分别称为 eNB（Evolved Node B）和 EPC（Evolved Packet Core）。

在 5G 系统中，基站称为 gNB，无线接入网称为 NR（New Radio），核心网称为 5GC。

3GPP 提出了 8 种 5G 部署架构，涵盖未来全球运营商 5G 商用网络在不同阶段的部署需求，如图 2-1 所示。其中，Option1/2/5/6 为 SA 架构（LTE 与 5G NR 独立部署架构），Option3/4/7/8 为 NSA 架构（LTE 与 5G NR 双连接部署架构）。Option2/3/4/5/7 是 3GPP 标准及业界重点关注的 5G 部署架构，2017 年底完成 Option3 非独立 5G 新空口标准，2018 年 6 月完成 Option2 独立 5G 新空口标准，2018 年底完成 Option4 和 Option7 相关标准。

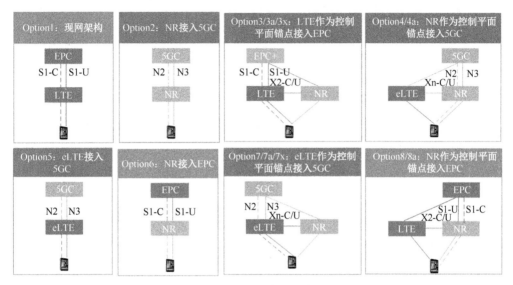

图 2.1　5G 部署架构示意图

对 8 种 5G 部署架构的具体说明如下。

### 1．Option1

这是 LTE 系统目前的部署方式，由 LTE 系统的核心网和基站组成。5G 部署便以此为基础。

### 2．Option2

这是 5G 部署的最终目标之一，完全由 gNB 和 NGC 组成。要想在 LTE 系统（Option1）的基础上演进到 Option2，必须完全替换 LTE 系统的基站和核心网，同时要保证覆盖和移动性管理等。这种架构部署耗资巨大，很难一步完成。

### 3．Option3/3a/3x

这种架构是只演进无线接入网，而保持 LTE 系统核心网不变，即 eNB 和 gNB 都连至 EPC。只演进无线接入网可以有效降低初期的部署成本。它包含 3 种模式，即 Option3、Option3a 和 Option3x。

（1）Option3：所有的控制平面信令都经由 eNB 转发，eNB 将数据分流至 gNB。

（2）Option3a：所有的控制平面信令都经由 eNB 转发，EPC 将数据分流至 gNB。

（3）Option3x：所有的控制平面信令都经由 eNB 转发，gNB 可将数据分流至 eNB。

这种架构以 eNB 为主基站，所有的控制平面信令都经由 eNB 转发。LTE eNB 与 NR gNB 采用双连接的形式为用户提供高速数据服务。它可以部署在热点区域，以提高系统容量和吞吐率。

### 4．Option4/4a

这种架构同时引入 NGC 和 gNB，但是没有直接用 gNB 替代 eNB，而是采取"兼容并举"的方式部署。在此场景中，核心网采用 NGC，eNB 和 gNB 都连至 NGC。这种架构包含两种模式：Option4 和 Option4a。

Option4：所有的控制平面信令都经由 gNB 转发，gNB 将数据分流至 eNB。

Option4a：所有的控制平面信令都经由 gNB 转发，NGC 将数据分流至 eNB。

与 Option3 不同，这种架构以 gNB 为主基站。LTE eNB 与 NR gNB 采用双连接的形式为用户提供高速数据服务。LTE 系统可以保证广覆盖，而 5G 系统能部署在热点区域，以提高系统容量和吞吐率。

### 5．Option5

这种架构是一种"混搭模式"，即 LTE 系统的 eNB 连至 5G 系统的 NGC。首先部署 5G 系统的 NGC，并在 NGC 中实现 LTE EPC 的功能，之后逐步部署 5G 无线接入网。

### 6．Option6

这种架构也是一种"混搭模式"，即 5G gNB 连至 4G LTE EPC。这种架构通常先部署 5G 无线接入网，但仍采用 4G LTE EPC。它会限制 5G 系统的部分功能，如网络切片等，目前已不再采用。

### 7．Option7/7a/7x

这种架构同时部署 5G RAN 和 NGC，但以 LTE eNB 为主基站。所有的控制平面信令都经由 eNB 转发，LTE eNB 与 NR gNB 采用双连接的形式为用户提供高速数据服务。它包含 3 种模式：Option7、Option7a 和 Option7x。

Option7：所有的控制平面信令都经由 eNB 转发，eNB 将数据分流至 gNB。

Option7a：所有的控制平面信令都经由 eNB 转发，NGC 将数据分流至 gNB。

Option7x：所有的控制平面信令都经由 eNB 转发，gNB 可将数据分流至 eNB。

### 8．Option8/8a

这种架构将 eNB、gNB 接入 4G LTE EPC，也会因核心网限制而无法满足网络切片等需求，目前已不再采用。

## 2.4 5G NSA 与 SA 组网对比

### 2.4.1 5G NSA 网络架构

在 Option3/3a/3x 架构下，LTE 作为控制平面锚点提供连续覆盖，NR 作为辅节点热点区域部署，升级 EPC 核心网，实现增强的业务体验。三者的主要区别在于用户平面路径不同，用户平面分别经由 LTE eNB、EPC、NR 进行分流。NSA Option3/3a/3x 架构图如图 2.2 所示。

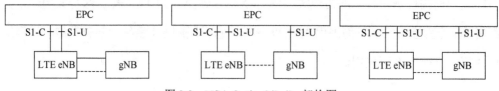

图 2.2　NSA Option3/3a/3x 架构图

Option3a 基于承载完成静态分流，数据分流点在 EPC 上，无法感知 RAN 侧状态；Option3x 可根据小区状态动态分流，数据分流点在 NR 上，不影响存量 LTE。

为支持 NSA Option3/3a/3x 的部署，现有 LTE 无线网和核心网均要升级改造：无线网要升级与 5G NR 双连接的 LTE 基站，涉及 PDCP 和 MAC 层部分改动，并增加 X2 接口；核心网要升级 HSS、PCRF、MME、SAE-GW、CG、DNS 等相关网元，主要涉及支持双连接、QoS 扩展、计费扩展、签约扩展、无线能力扩展、用户平面增强等方面，并增加 NR 与 EPC 之间的 S1-U 接口。

EPC 尚无标准化的边缘计算解决方案（行业标准由 CCSA TC5WG12 工作组讨论），主流厂家私有实现方式包括透明串接方案和分布式网关方案：

透明串接：在基站和 SAE-GW 之间串接边缘计算平台，通过数据包分析实现本地分流和处理。

分布式网关：在基站和 EPC 之间串接边缘计算网关，根据 APN、IP 地址等信息实现分流。

### 2.4.2　5G SA 网络架构

SA Option2 新建独立的 5G NR 接入 5G 核心网，其架构图如图 2.3 所示。

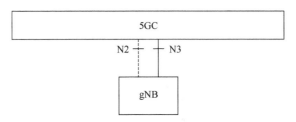

图 2.3  SA Option2 架构图

5G NR 采用新型波形和多址、新帧结构、新信道编码等技术，能够实现更高速率、更低时延和更高效率。5G 核心网支持 SBA、网络切片、边缘计算等 5G 新功能和新特性。Option2 是业界公认的 5G 目标架构，能够实现所有的 5G 新特性。

NSA 与 SA 的对比见表 2.1。

表 2.1  NSA 与 SA 的对比

| 对比维度 | NSA | SA |
|---|---|---|
| 技术成熟度 | 标准成熟更早，在 4G 设备上升级，容易实施，全球运营商首发商用 5G 网络均基于 NSA 组网 | 标准比 NSA 晚半年冻结，与 NSA 相比，引入了更多新技术，需要现网进行验证 |
| 网络业务能力 | 仅支持 eMBB | 支持 eMBB、mMTC、uRLLC 三种场景，便于拓展行业用户 |
| 建网成本 | NSA 组网初期投资较少，但要升级为 SA，网络仍需要改造 | SA 组网初期投资较大，但长远来看，总投资并不比 NSA 增加很多 |
| 网络部署速度 | 只要对 4G 核心网进行少量升级就可以支持 NSA，不需要部署新设备，适合初期快速推入市场 | SA 组网需要新建端到端网络，包括无线网、核心网和传输网等，初期建网调试等需要耗费时间 |
| 覆盖要求 | 基于 NSA 组网的 5G 基站仅承载用户数据，信令面仍由 4G 网络承载。终端采用双连接，即同时与 4G 和 5G 基站连接，在 5G 网络覆盖不完善的情况下仍能保障用户体验 | 在 5G SA 组网中，终端仅支持单连接，即终端只能连接 4G 网络或者 5G 网络，为了提升用户体验，要求 5G 网络覆盖有一定连续性 |

在目前的环境下，NSA 组网与 SA 组网将会并存一段时间，NSA 组网和 SA 组网并存涉及网络和终端的选择和适配。从基站的维度来说，5G 基站可以划分为 NSA 基站和 SA 基站。同一个基站不能既是 NSA 基站又是 SA 基站，只能是其中的一种。从

核心网的维度来说，对于 NSA 组网，核心网利用 4G EPC，NSA 相当于对 4G 无线网的增强。对于 SA 组网，5G 拥有独立的核心网，支持端到端的 5G 技术，4G 核心网与 5G 核心网之间存在互操作关系，终端可以在 4G 和 5G 之间切换。从终端的维度来说，5G 终端可以分为 NSA 单模终端、SA 单模终端及 NSA 和 SA 双模终端。其中，NSA 单模终端只能在 NSA 网络中使用 5G 功能；SA 单模终端只能在 SA 网络中使用 5G 功能；NSA 和 SA 双模终端可以在两种网络中使用，在它们共同覆盖的区域，通常优先选择 SA 组网的网络。

# 第3章

# 5G 核心网关键技术

## 3.1 引言

5G 核心网关键技术包括服务化架构（Service-Based Architecture，SBA）、网络切片、CP/UP（控制平面与用户平面）分离及边缘计算。SBA 的好处是灵活方便，规避了传统网元各模块之间复杂的互操作，提高了功能的重用性，简化了业务流程；网络切片能为不同用户、不同行业、不同业务提供隔离的、功能定制的网络服务，是一个提供特定网络能力和可定制端到端的逻辑网络；CP/UP 分离继承自 4G CUPS（控制平面与用户平面分离）架构，4G 用户平面为 SGW-U 和 PGW-U，而 5G 用户平面被归一化为 UPF；边缘计算通过将应用程序托管从集中部署式数据中心向网络边缘下沉，实现数据在本地高效率转发，减轻核心网压力。

本章主要介绍服务化架构、5G 网络服务发现功能、5G 网络能力开放功能、网络切片和边缘计算等内容。

# 3.2 服务化架构

SBA 借鉴了业界成熟的 SOA、微服务架构等理念，结合电信网络的现状、特点和发展趋势，进行了革新性设计。

SBA 的目标是以软件服务重构核心网，实现核心网软件化、灵活化、开放化和智能化。

服务是 SBA 的关键，服务是对 5G 网络功能进行抽象所形成的高内聚、低耦合、可独立管理的原子化功能单元。服务内部功能简单且明确，对外接口独立且灵活可变，特定服务的升级不会影响其他服务；基于通用的服务框架提供运行时服务注册、健康和负载状况管理，实现动态的服务发现机制，因此，服务可基于虚拟化或云计算平台快速部署和弹性扩缩容。

5G 核心网控制平面采用服务化架构，将控制平面功能解耦重构为多个网络功能，每个网络功能又细分为多个服务，网络功能服务遵循自包含、可重用、独立管理三原则。

通过采用服务化接口，每个网络功能能够直接与其他网络功能交互，3GPP 已确定以 TCP、HTTP 2.0、JSON、OpenAPI 3.0、RESTful 的组合为基础，对 5G 核心网协议进行标准化，N1、N2、N3、N4、N6、N9 等接口仍然使用参考点接口。采用云原生及互联网技术，能够实现快速部署、连续集成和发布新的网络功能和服务，且便于运营商自有或第三方业务开发。

## 3.2.1 5G 新术语介绍

NF（Network Function）：网络功能，如 AMF、SMF、UPF、UDM 等。

DNN（Data Network Name）：数据网络名称，等同于 4G 的 APN。

SUPI（Subscription Permanent Identifier）：用户永久 ID，相对于 4G 的 IMSI 而言范围更广，SUPI 可以是 IMSI，也可以是 NAI 等其他 ID。

GPSI（Generic Public Subscription Identifier）：一般公共用户 ID，可以是 MSISDN 或者 "username@realm" 形式的其他 ID。

SSC（Session and Service Continuity）：会话和业务连续性，是为满足不同业务连续性要求而引入的新的连续性模式，一共 3 种，其中 SSC1 为 4G 的永远在线模式。

## 3.2.2  5GC 网络架构

3GPP TS 23.501 标准中定义了 5G 系统架构，包括 SBA 和基于参考点的系统架构。SBA 被 3GPP 作为 5G 唯一的基础架构。5G 核心网总体上分成两部分：控制平面（CP）和用户平面（UP）。在 SBA 中，控制平面 NF 间通信使用统一的服务化接口（SBI），N1、N2、N3、N4、N6、N9 等接口仍然使用参考点接口。基于服务化接口的 5G 非漫游系统架构如图 3.1 所示。

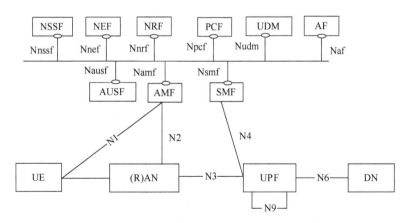

图 3.1  基于服务化接口的 5G 非漫游系统架构

基于参考点的系统架构能够更直观地体现不同 NF 之间的连接关系，基于参考点的 5G 非漫游系统架构如图 3.2 所示。

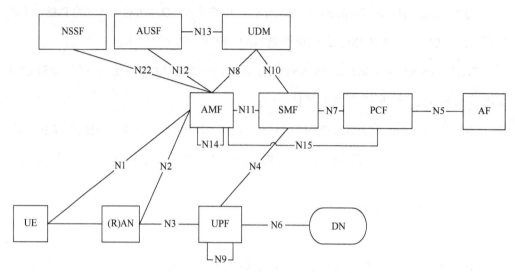

图 3.2　基于参考点的 5G 非漫游系统架构

5G 核心网主要网络功能见表 3.1。

表 3.1　5G 核心网主要网络功能

| 网络功能 | 中文名称 | 与 4G 核心网网元对比 |
|---|---|---|
| AMF | 接入和移动性管理功能 | MME 中的 NAS 接入控制功能 |
| SMF | 会话管理功能 | MME、SGW-C、PGW-C 中的会话管理控制功能 |
| UPF | 用户平面功能 | SGW-U、PGW-U 用户平面功能 |
| UDM | 统一数据管理 | HSS-FE |
| UDR | 统一数据存储库 | HSS-BE、SPR |
| PCF | 策略控制功能 | PCRF |
| AUSF | 鉴权服务器功能 | HSS 中的鉴权功能 |
| NEF | 网络能力开放功能 | SCEF |
| NSSF | 网络切片选择功能 | 5G 新增，用于网络切片选择 |
| NRF | 网络注册功能 | 5G 新增，类似增强 DNS 功能，用于 NF 注册、发现、授权 |

下面详细介绍一下 5G 核心网的部分网络功能。

**AMF**：AMF 是接入和移动性管理功能，它通过 N2 和 N1 接口上的信令与无线网和终端交互。它与所有其他网络功能的连接都是通过基于服务的接口来管理的。AMF 参与 5G 网络中大多数的信令呼叫流程。它支持与终端的加密信令连接，从而允许它们在网络中进行注册、鉴权，以及在不同小区间移动。AMF 还支持联络和激活处于空闲状态的终端。

SMF：SMF 是会话管理功能，顾名思义，它管理最终用户（实际上是终端）的会话，包括单个会话的建立、修改和释放，以及每个会话的 IP 地址分配。通过 AMF 在终端和 SMF 之间转发与会话相关的消息，从而使 SMF 间接地与最终用户进行通信。SMF 不仅通过基于服务的接口提供服务和使用服务来与其他网络功能进行交互，也通过网络中的 N4 接口选择和控制不同的 UPF 网络功能。另外，SMF 对于网络中所有与计费相关的功能都起着重要作用。SMF 收集计费数据，并且控制 UPF 中的计费功能。

UPF：UPF 是用户平面功能，主要任务是处理和转发用户数据。UPF 由 SMF 控制，UPF 与外部 IP 网络连接，并充当终端面向外部网络的稳定的 IP 锚点，从而隐藏其移动性。这意味着具有目的地址的属于特定终端的 IP 数据包，始终可以从互联网路由到服务于该终端的特定的 UPF。

UDM：UDM 是统一数据管理，它充当存储在 UDR 中用户签约数据的前端，并应 AMF 的请求执行一些功能。UDM 生成鉴权数据，用于验证终端的身份，它还根据签约数据对特定用户的接入进行授权。

UDR：UDR 是统一数据存储库，是存储各种数据的数据库。最重要的数据是签约数据，以及各种类型的网络或者用户策略数据。可以将 UDR 的数据存储和数据访问功能作为服务提供给其他网络功能（如 UDM、PCF 和 NEF）。

PCF：PCF 是策略控制功能，包括会话绑定、用量监控和上报、业务检测和控制、计费策略控制、QoS 控制、门控、流量导航和重定向等。

AUSF：AUSF 是鉴权服务器功能，该功能非常有限，但很重要，它使用 UDM 创建的鉴权凭证对特定终端提供鉴权服务。另外，AUSF 还提供生成加密信息的服务，以确保终端中的漫游信息和其他参数安全更新。

NSSF：在终端接入网络过程中提供切片选择，在终端注册时选择 AMF，在 PDU 会话建立过程中提供 NRF 信息。

NRF：保存 NF 的各种能力的注册信息，为 SMF、AUSF、AMF、PCF、UDM、UPF 等 5GC 服务化网元提供服务管理、服务发现和服务授权，管理 NF 注册、NF 更新、NF 状态订阅、NF 状态通知等。

## 3.2.3　5G 接口与协议栈

5G 系统架构包含下列服务化接口。

（1）Namf：AMF 展示的服务化接口。

（2）Nsmf：SMF 展示的服务化接口。

（3）Nnef：NEF 展示的服务化接口。

（4）Npcf：PCF 展示的服务化接口。

（5）Nudm：UDM 展示的服务化接口。

（6）Naf：AF 展示的服务化接口。

（7）Nnrf：NRF 展示的服务化接口。

（8）Nnssf：NSSF 展示的服务化接口。

（9）Nausf：AUSF 展示的服务化接口。

（10）Nudr：UDR 展示的服务化接口。

5G 系统架构包含下列参考点。

（1）N1：UE 和 AMF 之间的参考点。

（2）N2：(R)AN 和 AMF 之间的参考点。

（3）N3：(R)AN 和 UPF 之间的参考点。

（4）N4：SMF 和 UPF 之间的参考点。

（5）N6：UPF 和数据网络之间的参考点。

（6）N9：UPF 之间的参考点。

下列参考点描述 NF 之间的服务交互，这些参考点通过相应的 NF 服务化接口来实现。

（1）N5：PCF 和 AF 之间的参考点。

（2）N7：SMF 和 PCF 之间的参考点。

（3）N24：拜访地 PCF 和归属地 PCF 之间的参考点。

（4）N8：UDM 和 AMF 之间的参考点。

（5）N10：UDM 和 SMF 之间的参考点。

（6）N11：AMF 和 SMF 之间的参考点。

（7）N12：AMF 和 AUSF 之间的参考点。

（8）N13：UDM 和 AUSF 之间的参考点。

（9）N14：AMF 之间的参考点。

（10）N15：非漫游架构下，PCF 和 AMF 之间的参考点；漫游架构下，拜访地 PCF 和 AMF 之间的参考点。

（11）N16：非漫游架构下，SMF 之间的参考点；漫游架构下，拜访地 SMF 和归属地 SMF 之间的参考点。

（12）N18：NF 和 UDSF 之间的参考点。

（13）N22：AMF 和 NSSF 之间的参考点。

（14）N27：拜访地 NRF 和归属地 NRF 之间的参考点。

5G 控制平面协议栈如图 3.3 所示。

NAS-MM：NAS 协议移动性管理功能支持注册管理功能、连接管理功能、用户平面连接激活和去激活功能，以及 NAS 信令的加密和完整性保护。

NAS-SM：NAS 协议会话管理功能支持用户平面 PDU 会话建立、修改和释放，它通过 AMF 转发，并且对于 AMF 是透明的。

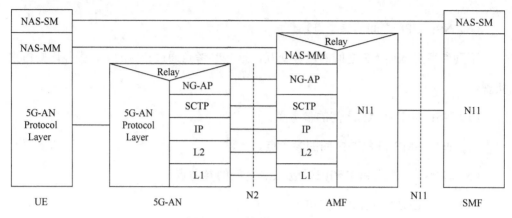

图 3.3　5G 控制平面协议栈

NG-AP：5G-AN 和 AMF 之间的应用层协议。

5G 用户平面协议栈如图 3.4 所示。

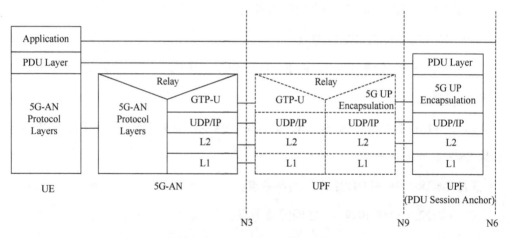

图 3.4　5G 用户平面协议栈

PDU 层：相当于在 PDU 会话上的 UE 和 DN 之间的 PDU 搬运。PDU 会话类型可以是 IPv4、IPv6、Ethernet 等。

GTP-U：支持通过 N3 用户数据隧道在骨干网中复用不同的 PDU 会话流，以 PDU 会话级别提供封装，本层也携带 QoS 流标签。

5G 封装：支持通过 N9 复用不同 PDU 会话的多路话务，提供基于每个 PDU 会话级别的封装，本层也携带 QoS 流标签。

AN 协议栈：当 AN 是 3GPP RAN 时，协议在 TS 38.401 中定义。UE 和 5G-AN 节点之间的无线协议在 TS 36.300 和 TS 38.300 中定义。当 AN 是非信任的非 3GPP 接入时，5G AN 和 5GC 通过 N3IWF 进行连接。

## 3.2.4 4G/5G 互操作架构

为实现 4G/5G 互操作过程中的业务连续性，3GPP 标准建议在互操作架构中接入融合节点。接入"HSS＋UDM"，实现统一签约管理；接入"PCF＋PCRF"，实现统一策略管理；接入"SMF＋PGW-C"，实现统一会话管理锚点；接入"UPF＋PGW-U"，实现统一用户平面锚点。基于 N26 接口的 4G/5G 互操作架构如图 3.5 所示。

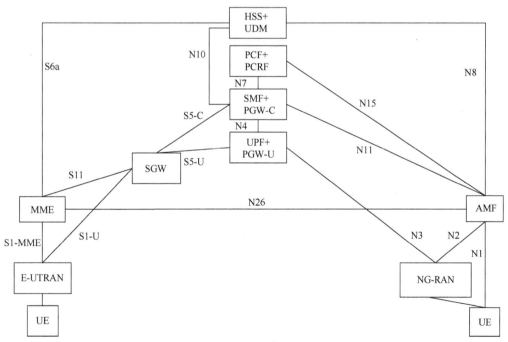

图 3.5　基于 N26 接口的 4G/5G 互操作架构

4G 和 5G 将在相当长的时间内共存,基于 N26 接口的 4G/5G 互操作架构可以支持 4G/5G 融合组网和平滑演进,以及业务的平滑迁移。

需要注意以下几个问题:

(1) SMF 和 UPF 应在 S5-C 控制平面和 S5-U 用户平面接口上支持 EPC PGW 的逻辑和功能,这意味着 EPC SGW 不受影响。

(2) PCF 应在 N7 接口上支持必要的策略参数,以便支持 SMF 的 PGW-C 控制平面功能。

(3) N26 接口支持的功能实际上是 EPC 为 MME 之间的通信接口 S10 规定的功能的子集。这样可以最大限度地减少对 EPC MME 的影响。

(4) 现有 4G 用户无须强行迁移到 5GC 架构中,可由现有 EPC PGW 和 PCRF 继续提供服务,这些 4G 用户不受 5G 引入的影响。

# 3.3 5G 网络服务发现功能

NF 发现和 NF 服务发现使核心网实体能够为特定 NF 服务或 NF 类型发现一组 NF 实例和 NF 服务实例。可以通过 NF 发现过程启用 NF 服务发现。

为了通过 NRF 发现请求的 NF 类型或 NF 服务,需要在 NRF 中注册 NF 实例。这是通过发送包含 NF 配置文件的 Nnrf_NFManagement_NFRegister 来完成的。NF 配置文件包含与 NF 实例相关的信息,如 NF 实例 ID、受支持的 NF 服务实例。

为了使请求者 NF 或服务通信代理(SCP)获得有关在 PLMN/Slice 中注册或配置的 NF 和 NF 服务的信息,基于本地配置,请求者 NF 或 SCP 可以通过提供以下内容来启动 NRF 的发现流程:NF 的类型,以及它尝试发现的特定服务的列表(可选)。请求者 NF 或 SCP 也可以提供其他服务信息,如切片的相关信息。请求者 NF 还可以提供与 NF 集合相关的信息,以便重新选择 NF 集合内的 NF 实例。

对于某些可以接入用户数据的网络功能（如 HSS、UDM），NRF 可能需要解析与订户标识符相对应的 NF 组 ID。如果 NRF 在本地没有存储到 NF 组 ID 的配置映射标识集/范围，则 NRF 可以使用 Nudr_GroupIDmap_Query 服务操作从 UDR 检索与特定订户标识符相对应的 NF 组 ID。如果请求者 NF 被配置为委托发现，则请求者 NF 可以省略与 NRF 的发现过程，而是将发现委托给 SCP。然后，SCP 将代表请求者 NF 行动。在这种情况下，请求者 NF 应为该请求添加必要的发现和选择参数，以使 SCP 能够完成发现和相关联的选择。SCP 可以与 NRF 交互以执行发现并获得发现结果，并且 SCP 可以与 NRF 或 UDR 交互以获得与订户标识符相对应的 NF 组 ID。

NRF 提供与发现标准相关的 NF 实例和 NF 服务实例的列表。NRF 可以向 NF 消费者或 SCP 提供 NF 实例的 IP 地址、FQDN 及相关 NF 服务实例的端点地址。NRF 还可以向 NF 消费者或 SCP 提供 NF 集 ID 和 NF 服务集 ID。NF 和 NF 服务发现过程的结果适用于满足相同发现条件的任何订户。执行发现的实体可以缓存在 NF 和 NF 服务发现过程中接收到的 NF 配置文件。在有效期内，与发现标准匹配的任何订户都可以将缓存的 NF 简档用于 NF 选择。在直接通信的情况下，请求者 NF 使用发现结果来选择 NF 实例和能够提供请求的 NF 服务的 NF 服务实例（例如，能够提供策略授权的 PCF 的服务实例）。在没有委托发现的间接通信的情况下，请求者 NF 使用发现结果来选择 NF 实例，而相关联的 NF 服务实例选择可以由请求者 NF 或 SCP 完成。在以上两种情况下，请求者 NF 都可以将有效缓存发现结果中的信息用于后续选择（请求者 NF 无须触发新的 NF 发现过程即可执行选择）。在没有委托发现的间接通信的情况下，SCP 将基于请求者 NF 提供的发现和选择参数，以及与 NRF 的可选交互来发现并选择合适的 NF 实例和 NF 服务实例。NF 使用者可以将要使用的 NRF 作为发现参数的一部分提供，如作为 NSSF 查询的结果。SCP 可以将来有效缓存发现结果中的信息用于后续选择（SCP 不需要触发新的 NF 发现过程来执行选择）。

## 3.4 5G 网络能力开放功能

网络能力开放是指向第三方应用服务提供商提供所需的网络能力。网络能力开放的基础在于移动网络中各个网元所能提供的网络能力，包括用户位置信息、网元负载信息、网络状态信息和运营商组网资源等，而运营商网络需要将上述信息和资源根据具体的需求提供给第三方使用。

针对运营者：包括服务注册申请和审批，能力创建申请、审批和发布等流程。

针对开发者：包括开发者注册、合作申请提交、合作审批，应用创建申请、审批、查询，应用发布申请、审批、查询，能力调用系统、能力开放平台、能力提供系统的业务处理流程、能力调用记录查看，结算规则信息同步、结算处理和结算信息查看等。

按照 3GPP 的定义，5G 网络能力开放包含监控能力、提供能力、策略控制和计费能力几方面。

监控能力负责监控 UE 在 5G 系统中的特定事件并将监控信息向外部开放。监控能力包括：配置、识别特定监控事件的 5G 网络功能，发现监控事件，向外部授权方报告监控事件。监控能力可以开放用户的移动性管理上下文信息，如用户位置、可达性、漫游状态和掉线情况等。

提供能力允许外部第三方向 5G 系统提供对 UE 行为的预测信息，包括对外部第三方提供信息授权，接收外部提供的信息，将外部提供的信息作为签约数据的一部分存储起来并分发给使用这些信息的网络功能。外部提供的信息可以按属性提供给不同的网络功能按需消费，外部提供的信息包含 UE 的预期行为，如 UE 的预期移动和预期通信间隔，UE 的预期行为参数可用于移动性管理或会话管理参数的配置，关联的网络功能在参数更新时会收到通知。

策略控制和计费能力用于根据第三方请求执行 UE 的 QoS 策略和计费策略。策略控制和计费能力包括接收计费策略请求、执行 QoS 策略和计费策略，主要用于针对 UE 会话进行特定的 QoS 或优先级处理，以及指定特定数据流的计费费率等。

　　5G 系统架构实现了控制平面与用户平面的完全分离，其控制平面定义为基于服务的网络架构，控制平面的网络功能通过服务化接口互相访问，这为 5G 网络能力对外开放提供了有力支撑。5G 网络通过网络能力开放功能（NEF）对外提供网络能力开放服务，NEF 提供对外的接入点，通过服务化接口与网络中的其他 NF 交互。NEF 能够安全地向第三方和内部网络功能开放 3GPP 网络功能所提供的业务和能力，NEF 还可以对应用功能进行认证、授权和限制。NEF 能够与应用层功能（AF）、内部网络功能交换信息，并支持两者之间的信息转换。NEF 可以从其他网络功能接收信息并开放给 AF。NEF 可以通过统一数据存储库（UDR）的接口将所接收的信息存储为结构化数据，所存储的信息可以被 NEF 访问并开放给其他网络功能和第三方 AF 应用。AF 分为运营商授信域和非授信域的 AF，运营商授信域的 AF 可直接与 5G 网络的其他网络功能交互，非授信域的 AF 需要通过 NEF 与其他网络功能交互。NEF 通过控制平面服务化接口与相关的网络功能配合实现能力开放。NEF 通过 Namf 接口与 AMF 交互，实现连接丢失、可达性、位置信息、通信故障、区域内 UE 数等监控能力开放。NEF 通过 Nudm 接口与 UDM 交互，实现漫游状态、签约信息变更等能力开放。NEF 通过 Nudr 接口与 UDR 交互，实现提供能力开放。NEF 通过 Npcf 接口与 PCF 交互，实现策略控制和计费能力开放。NEF 还与其他 NF 进行交互以完成 5G 网络内部的能力开放。

　　5G 系统允许 UDM、PCF、NEF 存储数据到 UDR 中，包括用户签约数据、策略控制数据、可对外开放的结构化数据，以及业务数据流信息等应用数据。UDM、PCF、NEF 可以被授权访问属于同一个 PLMN 的 UDR 数据，Nudr 接口被定义用于 UDM、PCF、NEF 对 UDR 数据的读取、添加、修改、删除，以上操作都在通过 UDR 授权的前提下执行。5G 系统的存储结构提供 NEF 直接或间接（通过 UDM 或 PCF）获取用户签约数据、策略信息、应用数据信息等的途径，以便获取对外开放的数据信息。

3GPP 定义的 5G 网络能力开放架构包含应用层功能、网络能力开放功能、其他网络功能等部分。Nnef 为北向接口，Nudm、Npcf、Namf、Nsmf 等其他接口均为南向接口。北向接口提供统一的 API 供第三方 AF 调用，向第三方 AF 提供网络能力开放。南向接口是用于与 5G 网络内其他功能交互的服务化接口。

## 3.5 网络切片

3GPP 对网络切片的定义如下：网络可以基于运营商与客户签订的业务服务协议，为不同的垂直行业、不同客户、不同业务提供相互独立、功能可定制的网络服务。

网络切片本质上是将运营商的物理网络划分为多个虚拟网络，每个虚拟网络根据不同的服务需求来划分，如时延、带宽、可靠性和安全性等，以灵活应对不同的网络应用场景。网络切片是基于客户需求，提供可设计、可部署、可维护的逻辑网络。不同的客户业务场景需求，对应不同的网络切片实例。网络切片实例包括网络、存储、计算等资源，以及资源之间的协同连接。网络功能通过虚拟网元和网络管理系统实现。网络中的终端、接入网、传输网、核心网、业务网称为网元，网络切片的需求提出者、使用者称为租户。网络切片的管理功能如图 3.6 所示。

5G 网络所提供的端到端网络切片能力，可以将所需的网络资源灵活、动态地在网络中向不同的用户需求进行分配和赋能，并进一步动态优化网络连接，以达到降本增效的目的。

网络切片技术不是一项孤立的技术，而是基于云计算、网络功能虚拟化（NFV）、软件定义网络（SDN）、分布式云架构等一系列技术群实现的，通过统一的编排赋予网络管理和协同的能力，从而实现基于通用的物理网络基础架构平台，同时支持多个逻辑网络。

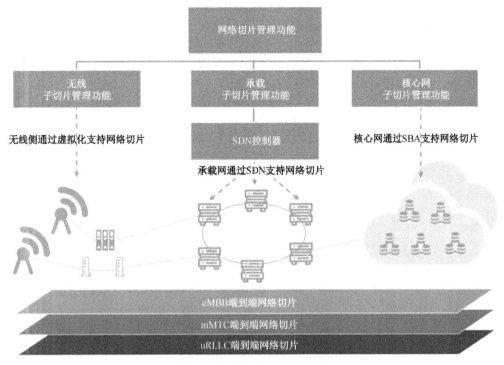

图 3.6　网络切片的管理功能

　　进入 5G 时代，运营商必须具备快速上线、灵活部署的能力。5G 网络不仅要满足大量并发业务上线的需求，保障端到端的业务性能及可靠性，还要规避新型业务投资可能带来的风险。通过网络切片可以在业务快速发展时迅速满足逻辑专网的需求，也可以在业务停滞时快速删除切片，实现切片管理动态化，有效降低风险和成本。

　　5G 网络切片可以分为管理层切片、控制层切片、转发层切片等，涉及无线接入网、传输网和核心网等多个环节，网络运维所面临的挑战是前所未有的。

　　端到端网络切片架构如图 3.7 所示。

## 3.5.1　识别和使用网络切片

　　终端通过网络切片选择辅助信息（NSSAI）来选择和组建切片相关的实例。每条网络切片选择辅助信息对应一个网络切片。网络切片选择辅助信息可以是预先配置的，也可以是终端附着网络后从网络中获取的。具备切片功能的网络可以依据终端提供的网络切片选择辅助信息来为终端选择切片。

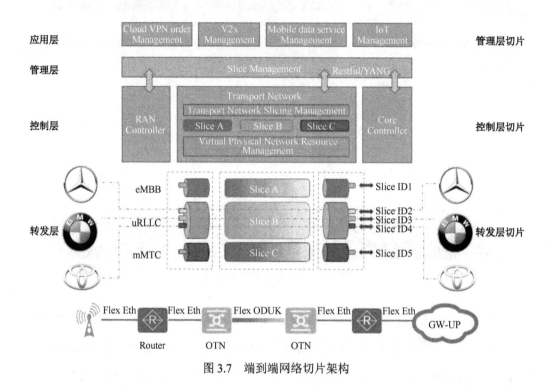

图 3.7　端到端网络切片架构

网络切片创建流程如图 3.8 所示。

网络切片由 S-NSSAI 标识，包括以下两方面信息。

（1）切片服务类型（SST）：表明对应切片特征和业务需求的网络切片行为。

（2）切片区分符号（SD）：SD 可选，是对 SST 的补充，以区别相同 SST 的多个不同切片。

切片类型定义见表 3.2。

一个 S-NSSAI 用于标识一个网络切片，一个终端最多同时支持 8 个网络切片。

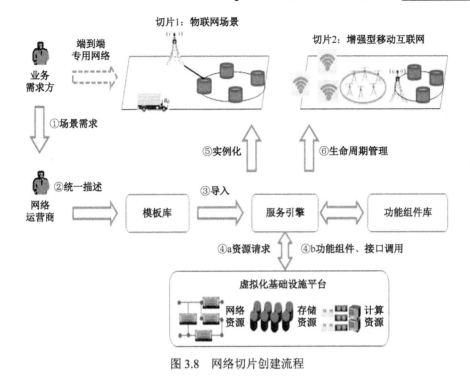

图 3.8　网络切片创建流程

表 3.2　切片类型定义

| 切片/业务类型 | SST 值 | 说　明 |
|---|---|---|
| eMBB | 1 | 适用于高速率、大容量、高吞吐率的业务 |
| uRLLC | 2 | 适用于低时延、高可靠的业务 |
| mMTC | 3 | 适用于海量低成本的物联网应用业务 |

## 3.5.2　网络切片操作

5G 核心网专门引入网络切片选择功能（NSSF）实体，其功能主要包括：为终端选择网络切片实例集合，确定 Allowed NSSAI，确定为终端服务的 AMF 集合（AMF Set）、候选 AMF 列表。

具体的切片选择流程如下：

（1）根据 NSSAI 选择切片。

（2）引入 NSSF，维护切片和实例的对应关系，为用户选择切片实例。

## 3.6 边缘计算

边缘计算（MEC）是为了解决集中部署的云计算带来的时延长、网络拥塞等问题而提出的。与云计算相比，边缘计算能更好地服务于实时性要求较高和带宽要求较高的业务。边缘计算的本质是将网络的计算能力拉远，部署到靠近用户的网络边缘，使应用数据能够实现快速、高效的本地处理。边缘计算作为一种新的部署方案，通过把小型数据中心或带有缓存、计算处理能力的节点部署在网络边缘，与移动设备、传感器和用户紧密相连，减少核心网负载，降低数据传输时延。

欧洲电信标准化协会（ETSI）对MEC的定义如下：在移动网络边缘提供IT服务环境和云计算能力。移动边缘计算可以被理解为在移动网络边缘运行云服务器，该云服务器可以处理传统网络基础架构所不能处理的任务，如M2M网关、控制功能、智能视频加速等。需要注意的是，在研究初期，MEC中的"M"表示"Mobile"，特指移动网络环境。随着研究的不断推进，ETSI将"M"的含义扩展为"Multi-access"，旨在将边缘计算的概念扩展到Wi-Fi等非3GPP接入场景下，"移动边缘计算"也逐渐过渡为"多接入边缘计算"。但是，目前业界乃至ETSI等标准制定组织研究的重点仍然是移动场景下的边缘计算。

面向 5G 的边缘计算分流和策略功能使用了 5G 架构中的 SMF、UPF 和 PCF。通过 UPF 和 SMF 实现业务计费，基于边缘 UPF 支持合法监听功能，基于网络能力感知、北向标准接口及 NEF 支持能力开放，NEF 作为统一的能力开放节点负责外部边缘应用与 5G 网络的交互，通过逻辑隔离及部署安全设备实现网络安全，通过配置防火墙、IP 攻击防护、ACL、HTTPS 协议等手段提供安全防护。5G 边缘计算架构示意图如图 3.9 所示。

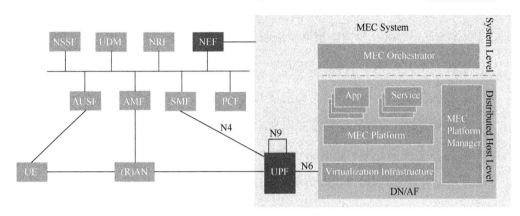

图 3.9　5G 边缘计算架构示意图

MEC 运行于网络边缘，逻辑上并不依赖网络的其他部分，这点对于安全性要求较高的应用来说非常重要。MEC 服务器通常具有较强的计算能力，因此特别适合分析处理大量数据。由于 MEC 在地理位置上非常接近用户或信息源，使得网络响应用户请求的时延大大减小，也降低了传输网和核心网部分发生网络拥塞的可能性。位于网络边缘的 MEC 能够实时获取基站 ID、可用带宽等网络数据，以及与用户位置相关的信息，从而实现链路感知自适应，并且为基于位置的应用提供部署的可能性，可以极大地改善用户体验。

## 3.6.1　边缘计算应用场景

根据应用数据的特征，可将边缘计算应用场景分为本地数据处理及网络能力/信息开放两类。

### 1．本地数据处理

实现本地数据处理是边缘计算的基本功能，也是边缘计算应用的基本需求。本地数据处理可以避免网络长距离传输带来的传输资源浪费和响应时延增加。某地 4G 现网端到端时延测试数据表明，一个需要异地交互的应用的往返时延为 30～80ms。因此，要求时延小于 30ms 的应用都需要边缘计算的本地数据处理能力。

属于这一类的典型应用包括以下几个。

（1）企业办公：要求数据在企业内部处理，保障安全性。

（2）视频监控：有较大传输带宽需求，本地卸载可节省传输资源。

（3）AR/VR 业务：端到端时延小于 15ms，业务传输需要占用较大带宽。

（4）低时延工业控制：端到端时延小于 10ms。

（5）车联网自动驾驶：端到端时延小于 3ms，对业务连续性有要求。

### 2．网络能力/信息开放

实现网络能力/信息开放是边缘计算的增值功能，是边缘计算应用的增值需求。一些部署在本地的应用需要基于移动网络能力和信息来实现业务或优化业务。本地应用需要的网络信息通常包括无线接入网资源使用情况（空口拥塞情况）、用户上下文信息（用户位置、终端能力）、用户签约信息（签约标识、优先级），需要的网络能力包括业务和资源的控制能力（业务质量、策略、安全控制和监控）等。

属于这一类的典型应用包括以下几个。

（1）客流定位：移动网络向应用提供用户位置信息。

（2）视频优化：移动网络向应用提供无线网拥塞信息。

（3）游戏体验提升：应用调用移动网络的资源控制能力，保障高优先级用户的业务体验。

## 3.6.2 边缘计算的优势

### 1．低时延

MEC 将计算和存储能力"下沉"到网络边缘，由于距离用户更近，用户请求不再需要经过漫长的传输网到达遥远的核心网被处理，而是由部署在本地的 MEC 服务器将一部分流量进行卸载，直接处理并响应用户，因此通信时延会大大降低。MEC 的时延节省特性在视频传输和 VR 等时延敏感的相关应用中表现得尤为明显。以视频传输为例，在不使用 MEC 的传统方式下，每个用户终端（UE）在发起视频内容调用请求时，首先需要经过基站接入，然后通过核心网连接目标内容，再逐层进行回传，最终完成终端和目标内容间的交互。可想而知，这样的连接和逐层获取的方式是非常耗时的。引入 MEC 解决方案后，在靠近 UE 的基站侧部署 MEC 服务器，利用 MEC 提供的存储资源将内容缓存在 MEC 服务器上，用户可以直接从 MEC 服务器获取内容，不再需要通过漫长的回程链路从相对遥远的核心网获取内容数据。这样可以极大地节省用户从发出请求到被响应之间的等待时间，从而提升用户体验。

### 2. 改善链路容量

部署在移动网络边缘的 MEC 服务器能对流量数据进行本地卸载，从而极大地降低对传输网和核心网带宽的要求。对于某些流行度较高的视频，如体育比赛、产品发布会等，经常以直播这种高并发的方式发布，同一时间会有大量用户接入，并且请求同一资源，因此对带宽和链路状态的要求极高。通过在网络边缘部署 MEC 服务器，可以将视频直播内容实时缓存在距离用户更近的地方，在本地进行用户请求的处理，从而减少对回程链路的带宽压力，同时可以降低发生链路拥塞和故障的可能性，从而改善链路容量。有研究表明，在网络边缘部署缓存可以节省近22%的回程链路资源；对于带宽需求型和计算密集型应用来说，在移动网络边缘部署缓存可以节省67%的运营成本。

### 3. 提高能量效率

在移动网络中，网络的能量消耗主要包括任务计算耗能和数据传输耗能两部分，

MEC 的引入能极大地降低网络的能量消耗。MEC 自身具有计算和存储资源，能够在本地进行部分计算的卸载，对于需要大量计算资源的任务才考虑上交给距离更远、处理能力更强的数据中心或云进行处理，因此可以降低核心网的计算能耗。另外，随着缓存技术的发展，存储资源相对于带宽资源来说成本逐渐降低，MEC 的部署也是一种以存储换取带宽的方式，内容的本地存储可以极大地减少远程传输的必要性，从而降低传输能耗。

### 4．改善用户体验

部署在无线接入网的 MEC 服务器可以获取详细的网络信息和终端信息，还可以作为本区域的资源控制器对带宽等资源进行调度和分配。以视频应用为例，MEC 服务器可以感知用户终端的链路信息，回收空闲的带宽资源，并将其分配给其他需要的用户。用户得到更多的带宽资源之后，就可以观看更高速率版本的视频。当链路资源紧缺时，MEC 服务器又可以自动切换到较低速率版本的视频，以避免卡顿现象的发生，从而给予用户极致的观看体验。同时，MEC 服务器还可以提供一些基于位置信息的服务，如餐饮、娱乐等推送服务，从而进一步提升用户体验。

## 3.6.3 边缘计算关键技术

### 1．虚拟化技术

虚拟化技术是一种资源管理技术。维基百科对它的定义如下：虚拟化技术将计算机的各种实体资源（CPU、内存、磁盘空间、网络适配器等）予以抽象、转换后呈现出来并可供分区、组合为一个或多个计算机配置环境，以此打破实体结构间不可分割的障碍，使用户能以比原本配置更好的方式应用这些计算机硬件资源。虚拟化技术中使用 Hypervisor 实现应用软件环境与基础硬件资源的解耦，因此可以在同一个硬件平台上部署多个虚拟机，从而共享硬件资源。多个虚拟机之间通过虚拟交换机实现安全和高效的通信，并通过指定的物理接口实现数据流量的路由。

虚拟化技术与网络的结合催生了网络功能虚拟化（Network Function Virtualization，NFV）技术，该技术将网络功能整合到行业标准的服务器、交换机和存储硬件上，并且提供优化的虚拟化数据平面，可通过服务器上运行的软件实现管理，从而取代传统的物理网络设备。

NFV 使得多个第三方应用和功能可以在同一平台上部署，各种应用和服务实际上是运行于虚拟化基础设施平台上的虚拟机，极大地方便了 MEC 实现统一的资源管理。

### 2．云技术

虚拟化技术促进了云技术的发展，云技术的出现使得按需提供计算和存储资源成为可能，极大地增强了网络和服务部署的灵活性和可扩展性。现今大多数手机应用都是基于云服务设计的。值得一提的是，云技术与移动网络的结合还促进了 C-RAN 这一创新性应用的产生。C-RAN 将原本位于基站的基带处理单元等需要耗费计算和存储资源的模块迁移到云上，在很大程度上解决了基站的容量受限问题，提高了移动网络的系统能量效率。

MEC 技术在网络边缘提供计算和存储资源，NFV 和云技术能够帮助 MEC 实现多租户共建。由于 MEC 服务器的容量相对于大规模数据中心来说还是较小，不能提供大规模数据中心带来的可靠性优势，所以需要结合云技术引入云化的软件架构，将软件功能按照不同能力属性分层解耦部署，在有限的资源条件下实现可靠性、灵活性和高性能。

### 3．SDN 技术

SDN 技术是一种将网络设备的控制平面与转发平面分离，并将控制平面集中实现的软件可编程的新型网络体系架构。SDN 技术采用集中式的控制平面和分布式的转发平面，两个平面相互分离，控制平面利用控制—转发通信接口对转发平面上的网络设备进行集中控制，并向上提供灵活的可编程能力，这极大地提高了网络的灵活性和可扩展性。

MEC 部署在网络边缘，靠近接入侧，这意味着核心网网关功能将分布在网络边缘，这会造成大量接口的配置、对接和调测。利用 SDN 技术将核心网的用户平面和控制平面进行分离，可以实现网关的灵活部署，简化组网。另外，SD-MEC 有专门的控制器对系统进行管控，从而降低了管理的复杂性，同时使新服务的部署变得更加灵活。

## 3.6.4 边缘计算专网设备机房相关要求

### 1. 机房面积要求

机房的使用面积不低于 20m²，机房最小宽度不小于 3m。机房有效装机面积不包括因建筑结构而形成的死角、偏角等无法合理使用的面积。机房板下净高不小于 2.7m（加固、吊顶后的净高应满足此标准），不大于 7m，能满足安装 2.2m 高机架的要求。

### 2. 机房平面布置及缆线布放要求

机房应采用上走线方式，应尽量保证电力电缆、信号电缆、尾纤及光缆走线分离，应采用尾纤槽道保证光纤跳线的安全。

### 3. 机房位置及环境要求

机房若位于二层以上，则必须采用框架结构，机房的楼板必须有足够的荷载能力，以承受电池和机架的压力。机房位于地下一层时须考虑空调排水问题。机房进出局原则上应具备双路由（不同管沟或线槽之间的距离应大于 40cm）建设条件，且进出形式原则上应为管道进出。

机房外部环境应为较安全的区域，应防盗、防火、防水等，远离易燃、易爆物品和强电磁干扰（大型雷达站、发射电台、变电站等）。机房不应与水泵房及水池毗邻，机房的正上方不应有卫生间、厨房等易积水建筑。

机房耐火等级应不低于二级。机房内应安装火灾自动报警系统、吸气式感烟火灾探测报警系统和气体灭火系统。机房内严禁使用自动水喷洒装置，以防止系统误动作损坏设备。

温度要求：夏季 24～27℃，冬季 18～27℃。相对湿度要求：40%～70%。

### 4. 承重要求

承重应满足电信设备相关用房的承重标准和蓄电池组的承重要求。机房建筑结构应完好，楼板无裂缝，梁柱无裂缝，外墙窗洞四角无 45°方向的斜裂缝。

### 5. 防雷与接地要求

机房应具备防雷与接地建设或改造条件，应参考《通信局（站）防雷与接地工程设计规范》（GB 50689—2011）执行。

机房应采用综合防雷措施，包括直击雷防护、等电位连接、电磁屏蔽、雷电分流和雷电过电压保护等。机房应采用联合接地方式，即工作接地、保护接地、防雷接地、屏蔽接地、防静电接地合用一个接地体。

### 6. 抗震要求

机房应满足《建筑抗震设计规范》（GB 50011—2010）、《通信建筑抗震设防分类标准》（YD 5054—2010）、《通信设备安装抗震设计规范》（YD 5059—2005）和《通信设备安装抗震设计图集》（YD 5060—2010）的相关要求。

### 7. 机房配套要求

机房应配置动环监控系统，保障通信设备的安全运行。机房配套要求见表 3.3。

**表 3.3　机房配套要求**

| 类　别 | 要　求 |
| --- | --- |
| 综合柜 | 2200mm×600mm×600mm |
| 直流列头柜 | 两路 200A 输入 |
| 48V 开关电源 | 600A 组合式 |
| 蓄电池 | 蓄电池备电时长按照不低于 4 小时的标准考虑，蓄电池采用限流充电方式 |
| 空调 | 机房配置两台 3P 单冷空调，面积较大的机房或者异形机房应据实计算散热需求 |

### 8. 电力引入要求

机房电力应充分考虑容量和安全性，保障通信设备稳定运行，建议引入两路市电。建议配置油机接口，以备应急条件下发电使用。

## 3.6.5　边缘计算典型应用

### 1. 车联网

车联网场景下有大量的终端用户，如车辆、道路基础设施、支持 V2X 服务的智能手机等，它们对应着多种多样的服务，如一些基本的道路安全服务，以及一些由应用开发商和内容提供商提供的增值服务（如停车定位、增强现实或其他娱乐服务等）。MEC 服务器可以部署于道路基站上，利用车载应用和道路传感器接收本地信息，对其加以分析，同时对那些优先级高的紧急事件及需要进行大量计算的服务进行处理，从而确保行车安全，避免交通堵塞，提升车载应用的用户体验。

## 2. 智能视频加速

研究表明，在移动数据流量中有超过一半的部分是视频流量，并且该比例呈逐年上升趋势。从用户的角度来说，观看视频可以分为点播和直播。点播是指在被请求视频已经存于源服务器中的情况下，用户向视频服务器发送视频观看请求。直播则是指在视频内容产生的同时用户对视频进行观看。在传统的视频系统中，内容源将产生的数据上传到 Web 服务器，然后由 Web 服务器响应用户的视频请求。在这种传统方式下，内容基于 TCP 和 HTTP 进行下载，或者以流的形式传给用户。但是，TCP 并不能快速适应 RAN 的变化，信道环境改变、终端的加入和离开等都会导致链路容量的变化。另外，这种长距离的视频传输会增大链路故障的概率，同时会造成很大的时延，从而不能保证用户体验。为了改善上述问题，当前学术界和产业界普遍采用 CDN 分发机制，将内容分发到各个 CDN 节点上，再由各个 CDN 节点响应对应区域中的用户请求。CDN 分发机制的引进的确在一定程度上改善了上述问题，但这种改善对于直播这种高并发且对实时性和流畅性要求很高的场景来说仍然有力不从心之处。MEC 技术的引入可以解决上述问题，内容源可以直接将内容上传到位于网络边缘的 MEC 服务器，再由 MEC 服务器响应用户的视频请求，这样可以极大地降低用户观看视频的时延。同时，MEC 具有强大的计算能力，可以实时感知链路状态并根据链路状态对视频进行在线转码，从而保障视频的流畅性，实现智能视频加速。另外，MEC 服务器还可以负责本区域用户的空口资源的分配和回收，从而提高网络资源的利用率。

## 3. 增强现实和虚拟现实

增强现实（Augmented Reality，AR）和虚拟现实（Virtual Reality，VR）都属于计算密集型应用。增强现实是一种利用计算机产生的附加信息对用户所看到的真实世界景象进行增强或扩展的技术，虚拟现实则是一种利用计算机融合多元信息和实体行为而模拟出三维动态视景的计算机仿真技术，这两种技术都需要收集用户位置和朝向等与用户状态相关的实时信息，然后进行计算并根据计算结果加以处理。MEC 服务器可以为它们提供丰富的计算资源和存储资源，缓存需要推送的音视频内容，基于定位技术和地理位置信息，确定推送内容，将内容发送给用户或迅速模拟出三维动态视景并与用户进行交互。

随着物联网和工业互联网的发展，流量去中心化特征日益明显。在 5G 时代，边缘计算是网络发展的重要方向之一，也是 5G 服务于垂直行业的重要利器之一。边缘计算可为应用提供低时延、具有增值业务能力的网络，这为创新型应用的孵化和落地提供了网络保障。边缘计算是一个跨越网络领域和业务领域的系统，面向 5G 的边缘计算标准正在逐步完善，边缘计算的产业生态正在逐步成熟。在 5G 网络中，边缘计算能力可以根据业务需求进行灵活的分层部署，在保证应用时延的前提下最大限度地利用网络资源。边缘计算的实现仍然面临一些技术问题，如边缘计算平台的管理、网络能力/信息开放的技术实现等，这需要产业界共同努力，推进技术方案的标准化。边缘计算是一个面向应用的开放网络环境，其业务场景和合作框架都迫切需要垂直行业应用提供商的大力参与，从而共同构建边缘计算新生态，探索新的商业模式。

# 第 4 章

# 5G 核心网部署方案

## 4.1 引言

5G 核心网的部署遵循提高网络效率、降低网络运营成本、减少网络变动、适度超前的原则。5G 核心网的部署不仅要兼顾现有 4G 网络的投资，还要考虑向未来网络架构的平滑演进。

由于 5G 核心网基于服务化架构，因此，5G 核心网的部署方式显著区别于传统核心网的部署方式。5G 核心网部署在专有云（资源池）之上，采用虚拟化的方式部署，实现了软件和硬件的解耦，底层硬件不再是专业设备，而是标准的基于 x86 架构的服务器和交换机。

本章主要介绍 5G 核心网的部署模式、标识、网元组网模式，以及 5G 语音业务部署方案和 5G 短信业务部署方案等。

# 4.2 部署模式

## 4.2.1 集中部署

由于 5G 核心网网元单设备支持的容量越来越大，相应的管理和覆盖范围也越来越大，加上网络集中运维和降本增效的需求，5G 核心网通常采用集中部署模式。这里的集中部署主要针对控制平面的设备，用户平面的设备仍可以按需下沉，以提高转发效率。集中部署模式可以分为以下三种。

（1）全国集中部署模式：以国家为单位集中部署 5G 核心网，即 5G 核心网设置在一个或两个核心城市，负责全国的业务。

（2）大区集中部署模式：将全国分为几个大区，在每个大区设置 5G 核心网，按照地理位置分别覆盖几个省或地区，不同的大区覆盖的省或地区不重叠，即一个省或地区只接入一个大区。

（3）分省集中部署模式：以省为单位部署 5G 核心网，每个省都有完整的 5G 核心网，负责该省的业务。

这三种部署模式各有特点，没有优劣之分，应根据实际情况选用。三种部署模式的对比见表 4.1。

表 4.1　三种部署模式的对比

| 模　　式 | 集约化程度 | 信令分级 | 投资情况 | 现有 4G 网络的配合 | 网络架构演进情况 |
|---|---|---|---|---|---|
| 全国集中部署模式 | 高 | 一级 | 全国集中，实现资源的统一调配，总体投资最少 | 基于 4G 网络分省组网的现状，与 5G 核心网实现互操作难度最大 | 现有的 4G 核心网逐步演进到全国集中部署模式，通过部署 NFV 逐步替代 |
| 大区集中部署模式 | 中 | 一级（大区间 NRF 网络互联） | 投资介于另外两者之间 | 难度介于另外两者之间 | 现有的 4G 核心网通过融合 5G 核心网逐步演进到大区集中部署模式 |

续表

| 模　　式 | 集约化程度 | 信令分级 | 投资情况 | 现有 4G 网络的配合 | 网络架构演进情况 |
|---|---|---|---|---|---|
| 分省集中部署模式 | 低 | 两级（骨干 H_NRF 和省 L_NRF） | 投资最多 | 省内点对点配合，难度最低 | 4G 核心网架构不变，5G 核心网可以逐步替代现有的 4G 核心网 |

## 4.2.2　4G/5G 融合部署

由于大部分运营商在部署 5G 网络之前还有 4G 网络的资产，为了保护 4G 网络的投资，发挥 4G 网络和 5G 网络各自的优势，必须考虑 4G 网络和 5G 网络之间的互操作问题，在部署 5G 核心网时要考虑 4G/5G 融合部署，这样有利于现有的基于专有硬件架构的 4G 核心网向云化和虚拟化的方向发展。

# 4.3　5G 系统中的标识

## 4.3.1　用户标识

### 1. 用户永久标识（Subscription Permanent Identifier，SUPI）

5G 系统采用 SUPI 标识用户身份，即为每个 5G 用户分配一个全球唯一的 SUPI，类似于 2G、3G、4G 网络中的 IMSI，保存在用户的 USIM 卡中和网络侧的 UDM/UDR 中。

SUPI 的格式遵循 3GPP TS 23.003 标准，有以下两种类型。

（1）类型 1：IMSI，格式如图 4.1 所示，共包含 15 位十进制数。

（2）类型 2：网络特定标识，采用网络访问标识（Network Access Identifier，NAI）格式，遵循 IETF RFC 7542 规定的 "username@realm" 格式。

图 4.1　IMSI 的格式（E. 212 码）

在传递 SUPI 的协议中会指定 SUPI 的类型。

### 2. 订阅隐藏标识（Subscription Concealed Identifier，SUCI）

SUCI 是隐私保护标识，用于隐藏 SUPI。在 2G、3G、4G 系统中，终端与网络之间的空口传送的是真实的 IMSI；而在 5G 系统中，终端与网络之间的空口传送的是 SUCI。

SUCI 的格式遵循 3GPP TS 23.003 标准，如图 4.2 所示。

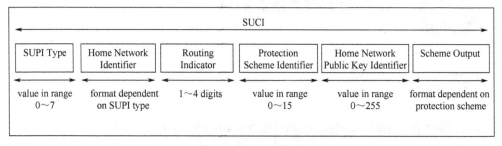

图 4.2　SUCI 的格式

（1）SUPI Type：SUPI 类型，取值范围为 0~7（十进制数）。

0：IMSI，即 SUPI 类型 1。

1：网络特定标识，即 SUPI 类型 2。

2~7：保留。

（2）Home Network Identifier：归属网络标识，用于标识用户的归属网络。

对于 IMSI 格式的 SUPI（SUPI Type 取值为 0），归属网络标识为 IMSI 的 MCC＋MNC。

对于 NAI 格式（username@realm）的 SUPI（SUPI Type 取值为 1），归属网络标识为表述 realm 的可变长度的字符串。

（3）Routing Indicator：路由标志，为 4 位十进制数（0～9999），由运营商预先配置在 USIM 卡中，用于与归属网络标识一起寻址 AUSF 和 UDM。若 USIM 卡中未配置路由标志，则 Routing Indicator 取值为 0。

（4）Protection Scheme Identifier：保护方案标识，取值范围为 0～15（十进制数）。

0：空方案（null-scheme）。

1：Profile <A>。

2：Profile <B>。

3～11：保留，用于将来的标准保护方案。

12～15：保留。

（5）Home Network Public Key Identifier：归属网络公共密钥标识，取值范围为 0～255，标识用于 SUPI 保护的密钥。若使用空方案（Protection Scheme Identifier 取值为 0），则 Home Network Public Key Identifier 取值为 0。

（6）Scheme Output：方案输出，以 Home Network Public Key Identifier 作为密钥对 SUPI 中的 MSIN（SUPI Type 取值为 0）或 username（SUPI Type 取值为 1）执行 Protection Scheme Identifier 对应的加密算法后输出的结果，3GPP TS 33.501 标准的附录 C.3 中规定了 Elliptic Curve Integrated Encryption Scheme（ECIES）加密算法；对于空方案，Home Network Public Key Identifier 取值为 0，Scheme Output 为 IMSI 的 MSIN（SUPI Type 取值为 0）或未加密的 username（SUPI Type 取值为 1）。

SUCI 对 SUPI 的隐藏存在以下两种方案。

（1）空方案：SUCI 隐藏的 SUPI 是未加密的，AMF 可以根据 Protection Scheme Identifier=0、SUPI Type=0，识别出 Scheme Output 为 IMSI 的 MSIN、Home Network Identifier 为 IMSI 的 MCC＋MNC，从而直接从 SUCI 导出 IMSI 格式的 SUPI。

（2）标准加密方案（non-null-scheme）或运营商规定的保护方案：SUCI 隐藏的 SUPI 是加密的，AMF 无法直接从 SUCI 导出未加密的 SUPI，AMF 需要从 old AMF（用户接入的前一个 AMF）获取用户未加密的 SUPI。若 AMF 无法获得 old AMF 信息，则需要以 SUCI 执行 AUSF 发现，由 UDM/UDR 将 SUCI 中隐藏的加密 SUPI 解密为未加密的 SUPI，并通过 AUSF 返回给 AMF。AMF 以 SUCI 执行 AUSF 发现时，以 SUCI 中的 Routing Indicator 作为查询参数。因此，需要对 Routing Indicator 进行统一规定，将 Routing Indicator 一一映射至 AUSF。在 AUSF 与 UDM 综合设置的情况下，需要将 Routing Indicator 一一映射至 AUSF/UDM。

现阶段，对于现网不换卡（USIM 卡）转入 5G SA 网络的用户，只能采用空方案；对于新发展的 5G SA 网络的用户，在尚无 SUCI 加密隐藏 SUPI 的情况下，仍可采用空方案。SUCI 的各字段取值如下。

① SUPI Type：取值为 0，代表 SUPI 为 IMSI 格式。

② Home Network Identifier：为 IMSI 中的 MCC＋MNC。

③ Routing Indicator：取值为 0，代表 USIM 卡中未配置路由标志。

④ Protection Scheme Identifier：取值为 0，代表使用空方案。

⑤ Home Network Public Key Identifier：取值为 0；与空方案配合使用。

⑥ Scheme Output：为 IMSI 中的 MSIN。

在选定标准加密方案和完成 Routing Indicator 规划后，可为有需求的新发展的 5G 用户分配加密隐藏 SUPI 的 SUCI。其中，Routing Indicator（取值范围为 0～9999）的规划必须同时满足以下两个要求。

① 每个 Routing Indicator 唯一映射至一个 AUSF/UDM（归属同一对 uUDR 的多个 AUSF/UDM 采用 $N+1$ 工作方式）或 AUSF/UDM Pool（归属同一对 uUDR 的多个 AUSF/UDM 采用 Pool 工作方式），且 Routing Indicator 按省规划，以便于 sNRF 寻址。

② AUSF/UDM/UDR/HSS/HLR 设备按号码段割接。

### 3. 一般公共用户标识（Generic Public Subscription Identifier，GPSI）

5G 系统采用 GPSI 标识用户号码或名称，即为每个 5G 用户分配一个全球唯一的 GPSI，类似于 2G、3G、4G 网络中的 MSISDN，保存在用户归属的 UDM/UDR 中；每个 GPSI 绑定一个 SUPI，当用户更换 SUPI 时，可保持 GPSI 不变。

GPSI 的格式遵循 3GPP TS 23.003 标准，有以下两种类型。

（1）类型 1：MSISDN，格式如图 4.3 所示，包含 13 位十进制数或 15 位十进制数。

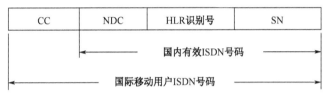

图 4.3　MSISDN 的格式（E.164 码）

公众网用户（手机用户）和 148 物联网号码采用 13 位十进制数，如图 4.4 所示。

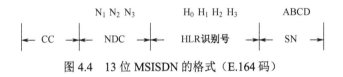

图 4.4　13 位 MSISDN 的格式（E.164 码）

10647、10648、1440X 物联网号码采用 15 位十进制数，如图 4.5 所示。

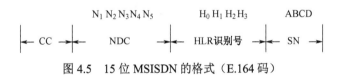

图 4.5　15 位 MSISDN 的格式（E.164 码）

（2）类型 2：外部标识（External Identifier），遵循 IETF RFC 4282 规定的 "username@realm" 格式，可表示为<local identifier>@<domain identifier>。

在传递 GPSI 的协议中会指定 GPSI 的类型。

当接入 2G、3G、4G 网络及 5G NSA 网络时，网络以 MSISDN 标识用户。

当接入 5G SA 网络时，网络以 GPSI 标识用户。因此，应为 5G SA 网络用户的每个 USIM 卡绑定或关联一个唯一的 MSISDN。

### 4. 5G 全局唯一临时 UE 标识（5G Globally Unique Temporary UE Identity, 5G-GUTI）

用户终端接入 5G 网络后，AMF 会为用户终端分配 5G-GUTI。5G-GUTI 的用途与 4G 网络中的 GUTI、2G 与 3G 网络中的 P-TMSI 相同。5G-GUTI 的格式如下：

$$<5G\text{-}GUTI>=<GUAMI><5G\text{-}TMSI>$$

其中：

- GUAMI（MCC＋MNC＋24bit）用于标识为用户终端分配 5G-GUTI 的 AMF。
- 5G-TMSI（32bit）是 AMF 分配给用户终端的唯一临时标识，当用户终端从网络中注销时，AMF 会回收 5G-TMSI。

### 5. 5G-S-TMSI

为了实现更高效的无线信令流程，网络（AMF）以 5G-S-TMSI 寻呼（Paging）用户终端，用户终端以 5G-S-TMSI 向网络（AMF）发起业务请求（Service Request）。

5G-S-TMSI 由 AMF Set ID、AMF Pointer 和 5G-TMSI 组成，格式如下：

$$<5G\text{-}S\text{-}TMSI>=<AMF\ Set\ ID><AMF\ Pointer><5G\text{-}TMSI>$$

其中：

- AMF Set ID（10bit）、AMF Pointer（6bit）见 4.3.2 节。
- 5G-TMSI（32bit）见 5G-GUTI 相关内容。

### 6. 4G 全局唯一临时 UE 标识（GUTI）

用户终端接入 4G EPC 网络时，MME 会为用户终端分配 GUTI。GUTI 的用途与

2G、3G 网络中的 P-TMSI 相同。GUTI 的格式如下：

<GUTI> = <GUMMEI><M-TMSI>

其中：

- GUMMEI（MCC＋MNC＋24bit）用于标识为用户终端分配 GUTI 的 MME。
- M-TMSI（32bit）是 MME 分配给用户终端的唯一临时标识，当用户终端从网络中注销时，MME 会回收 M-TMSI。

### 7．S-TMSI

为了实现更高效的无线信令流程，网络（MME）以 S-TMSI 寻呼用户终端，用户终端以 S-TMSI 向网络（MME）发起业务请求。

S-TMSI 由 MMEC 和 M-TMSI 组成，格式如下：

<S-TMSI>=<MMEC><M-TMSI>

其中，MMEC 为 8bit，M-TMSI 为 32bit，共 40bit。

### 8．5G-GUTI 与 GUTI 之间的映射

4G/5G 多模终端在 5G 网络与 4G 网络之间切换或重选时，由终端完成 5G-GUTI 与 GUTI 之间的映射，映射关系如图 4.6 所示。

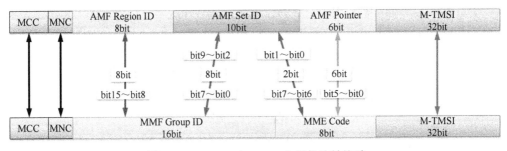

图 4.6　5G-GUTI 与 GUTI 之间的映射关系

### 9. 国际移动台设备标识 (International Mobile Station Equipment Identity, IMEI)

IMEI 用于唯一地标识一个移动台设备, 格式如图 4.7 所示, 共包含 15 位十进制数。

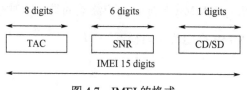

图 4.7　IMEI 的格式

TAC (Type Allocation Code): 类型分配码, 为 8 位十进制数, 由 GSMA 分配。

SNR (Serial Number): 序列号, 用于唯一地标识同一 TAC 内的每个设备, 为 6 位十进制数, 由终端设备制造商按顺序独立分配。

CD (Check Digit) /SD (Spare Digit): 校验数字/备用数字, 为 1 位十进制数。作为 CD 时, 用于校验 IMEI 的前 14 位十进制数 (TAC+SNR) 的正确性; 作为 SD 时, 设置为 0。

### 10. 国际移动台设备标识和软件版本号 (International Mobile Station Equipment Identity and Software Version Number, IMEISV)

IMEISV 用于唯一地标识一个移动台设备及其软件版本, 格式如图 4.8 所示, 共包含 16 位十进制数。

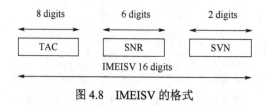

图 4.8　IMEISV 的格式

TAC、SNR: 应与 IMEI 相同。

SVN（Software Version Number）：软件版本号，为 2 位十进制数，由终端设备制造商分配。其中，99 保留供将来使用。

### 11．永久设备标识（Permanent Equipment Identifier，PEI）

5G 系统采用 PEI 标识用户终端，类似于 2G、3G、4G 网络中的 IMEI 和 IMEISV，保存在用户终端中。

在传递 PEI 的协议中，UE 应上报 PEI 的类型。接入 2G、3G、4G 网络使用 IMEI 或 IMEISV，接入 5G 网络使用 PEI。

## 4.3.2 网络标识

### 1．全局唯一 AMF 标识（Globally Unique AMF Identifier，GUAMI）

在 5G 系统内，GUAMI 用于 5G NR 基站（gNB）寻址 AMF，它可唯一标识 AMF。GUAMI 由 MCC、MNC、AMFI 组成。

（1）MCC（Mobile Country Code）：移动国家号码，中国为 460。

（2）MNC（Mobile Network Code）：移动网号，采用 00。

（3）AMFI（AMF Identifier）：AMF 标识，由 AMF Region ID、AMF Set ID、AMF Pointer 组成。

- AMF Region ID（8bit）：AMF 区域标识，用于标识 AMF 负责的区域。

- AMF Set ID（10bit）：AMF 组标识，用于唯一标识 AMF 区域内的一组 AMF。

- AMF Pointer（6bit）：AMF 指针标识，用于标识 AMF 组内的一个或多个 AMF。

### 2．全局唯一 MME 标识（Globally Unique MME Identifier，GUMMEI）

在 4G 系统内，GUMMEI 用于 4G LTE 基站(eNB)寻址 MME，它可唯一标识 MME。

GUMMEI 由 MCC、MNC、MMEI 组成。

（1）MCC：移动国家号码，中国为 460。

（2）MNC：移动网号，采用 00。

（3）MMEI（MME Identifier）：MME 标识，由 MMEGI、MMEC 组成。

- MMEGI（MME Group ID）（16bit）：MME 组标识，用于标识 MME Pool，MMEGI 相同的所有 MME 均归属同一 MME Pool。

- MME Code（8bit）：MME 号码，用于标识 MME Pool 内的一个或多个 MME。

## 4.3.3 网元标识

### 1．AMF 网元标识

#### 1）AMF Name FQDN

AMF Name FQDN 为 pt<AMF Pointer>.set<AMF Set ID>.region<AMF Region Id>.amf.5gc.mnc<MNC>.mcc<MCC>.3gppnetwork.org。

其中：

- <AMF Region ID>：GUAMI 中的 AMF Region，8bit，用十六进制数表示，若有效数字少于 2 位，则在左侧插入 "0" 进行填充。

- <AMF Set ID>：GUAMI 中的 AMF Set，10bit，用十六进制数表示，若有效数字少于 3 位，则在左侧插入 "0" 进行填充。

- <AMF Pointer>：GUAMI 中的 AMF Pointer，6bit，用十六进制数表示，若有效数字少于 2 位，则在左侧插入 "0" 进行填充。

- 例如：AMF Pointer 为 0x2，AMF Set 为 0x325，AMF Region 为 0x8，MCC 为 460，MNC 为 00，则 AMF Name FQDN 为 pt02.set325.region08.amf.5gc. mnc000.mcc460.3gppnetwork.org。

2）5GS TAI FQDN

5GS TAI（Tracking Area Identity）FQDN 是 5G 跟踪区标识 FQDN，格式为 tac-lb<TAC-low-byte>.tac-mb<TAC-middle-byte>.tac-hb<TAC-high-byte>.5gstac.5gc.mnc<MNC>.mcc<MCC>.3gppnetwork.org。

3）AMF Instance FQDN

AMF Instance FQDN 用于唯一标识 AMF Instance。

AMF Instance FQDN 为 pt<AMF Pointer>.set<AMF Set ID>.region<AMF Region ID>.amfi.5gc.mnc<MNC>.mcc<MCC>.3gppnetwork.org。

其中：

● <AMF Region ID>：GUAMI 中的 AMF Region，8bit，用十六进制数表示，若有效数字少于 2 位，则在左侧插入"0"进行填充。

● <AMF Set ID>：GUAMI 中的 AMF Set，10bit，用十六进制数表示，若有效数字少于 3 位，则在左侧插入"0"进行填充。

● <AMF Pointer>：GUAMI 中的 AMF Pointer，6bit，用十六进制数表示，若有效数字少于 2 位，则在左侧插入"0"进行填充。

例如：AMF Pointer 为 0x2，AMF Set 为 0x1，AMF Region 为 0x8，MCC 为 460，MNC 为 00，则 AMF Instance FQDN 为 pt02.set001.region08.amfi.5gc.mnc000.mcc460.3gppnetwork.org。

4）AMF Set FQDN

AMF Set 由 AMF Set ID、AMF Region ID、MNC 和 MCC 标识。

AMF Set FQDN 为 set<AMF Set ID>.region<AMF Region ID>.amfset.5gc.mnc<MNC>.mcc<MCC>.3gppnetwork.org。

其中：

● <AMF Region ID>：GUAMI 中的 AMF Region，8bit，用十六进制数表示，若有效数字少于 2 位，则在左侧插入"0"进行填充。

- <AMF Set ID>：GUAMI 中的 AMF Set，10bit，用十六进制数表示，若有效数字少于 3 位，则在左侧插入 "0" 进行填充。

例如：AMF Set 为 0x1，AMF Region 为 0x8，MCC 为 460，MNC 为 00，则 AMF Set FQDN 为 set001.region08.amfset.5gc.mnc000.mcc460．3gppnetwork.org。

5）SMF 网元标识

在用户 PDU 会话建立过程中，AMF 实例（AMF Instance）向 NRF 发起 SMF 服务发现查询请求，获得 SMF 的 IP 地址，有以下两种方式。

- 方式 1：NRF 直接返回 SMF 的 IP 地址，可通过 SMF 的 IP 地址访问 SMF。
- 方式 2：NRF 返回 SMF 的 FQDN（SMF 向 NRF 注册的 NF Profile 中不包含本端的 IP 地址），以 SMF 的 FQDN 向 DNS 查询，获得 SMF 的 IP 地址，然后通过 SMF 的 IP 地址访问 SMF。

ACC 向 SMF/vPGW-C/BSF 查询 PCF/vPCRF 地址时，需要使用 SMF/vPGW-C/BSF 的 N7 接口的主机名（FQDN 格式）；SMF/vPGW-C/BSF 所负责的多个 UPF/pPGW-U 复用私有 IPv4 地址（用户 IP 地址）时，SMF/vPGW-C/BSF 需要配置多个用于 N7 接口的 FQDN。

SMF 网元标识（FQDN 格式的设备主机名）为<SMF-id>.node.5gc.mnc<MNC>.mcc<MCC>.3gppnetwork.org。

## 3. UPF 网元标识

SMF 访问其所管辖的 UPF 有以下两种方式。

- 方式 1：SMF 预先配置其所管辖 UPF 的 IP 地址，通过 UPF 的 IP 地址访问 UPF。
- 方式 2：SMF 预先配置其所管辖 UPF 的 FQDN，并以 UPF 的 FQDN 向 DNS 查询，获得 UPF 的 IP 地址，然后通过 UPF 的 IP 地址访问 UPF。

● 若需要为 UPF 配置 FQDN，则 UPF 的 FQDN 格式为 node.5gc.mnc<MNC>.mcc<MCC>.3gppnetwork.org。

● 对于需要配置 FQDN 主机名的 UPF，网元标识为<UPF-id>.node.5gc.mnc<MNC>.mcc<MCC>.3gppnetwork.org。

### 4. AUSF、UDM、UDR 网元标识

NF 实例（NF Instance）向 NRF 发起 AUSF、UDM 服务发现查询请求，获得 AUSF、UDM 的 IP 地址，有以下两种方式。

● 方式 1：NRF 直接返回 AUSF、UDM 的 IP 地址，NF 实例可通过 AUSF、UDM 的 IP 地址访问 AUSF、UDM。

● 方式 2：NRF 返回 AUSF、UDM 的 FQDN（AUSF、UDM 向 NRF 注册的 NF Profile 中不包含本端的 IP 地址），NF 实例以 AUSF、UDM 的 FQDN 向 DNS 查询，获得 AUSF、UDM 的 IP 地址，然后通过 AUSF、UDM 的 IP 地址访问 AUSF、UDM。

AUSF 网元标识（FQDN 格式的设备主机名）为<AUSF-id>.node.5gc.mnc<MNC>.mcc<MCC>.3gppnetwork.org。

UDM 网元标识（FQDN 格式的设备主机名）为<UDM-id>.node.5gc.mnc<MNC>.mcc<MCC>.3gppnetwork.org。

AUSF、UDM 接入归属的同厂家 UDR（uUDR）、同厂家配对的 UDR（uUDR）之间直接通过 IP 地址通信，不需要额外配置主机名（网元标识）。

### 5. PCF 网元标识

NF 实例（NF Instance）向 NRF 发起 PCF 服务发现查询请求，获得 PCF 的 IP 地址，有以下两种方式。

- 方式 1：NRF 直接返回 PCF 的 IP 地址，NF 实例可通过 PCF 的 IP 地址访问 PCF。
- 方式 2：NRF 返回 PCF 的 FQDN（PCF 向 NRF 注册的 NF Profile 中不包含本端的 IP 地址），NF 实例以 PCF 的 FQDN 向 DNS 查询，获得 PCF 的 IP 地址，然后通过 PCF 的 IP 地址访问 PCF。

PCF 网元标识（FQDN 格式的设备主机名）为<PCF-id>.node.5gc.mnc<MNC>.mcc<MCC>.3gppnetwork.org。

## 6. NRF 网元标识

NF 实例（NF Instance）向 NRF 执行注册、更新、服务发现时，访问 NRF 有以下两种方式。

- 方式 1：NF 预先配置归属 NRF 的 IP 地址，通过 NRF 的 IP 地址访问 NRF。
- 方式 2：NF 预先配置归属 NRF 的 FQDN，或者以 NRF FQDN 的格式自行构造归属 NRF 的 FQDN，并以 NRF 的 FQDN 向 DNS 查询，获得 NRF 的 IP 地址，然后通过 NRF 的 IP 地址访问 NRF。
- NRF 网元标识（FQDN 格式的设备主机名）为<NRF-id>.nrf.5gc.mnc<MNC>.mcc<MCC>.3gppnetwork.org。

## 7. NSSF 网元标识

AMF 实例（AMF Instance）向 NSSF 发起网络切片选择请求时，访问 NSSF 有以下两种方式。

- 方式 1：AMF 预先配置归属 NSSF 的 IP 地址，通过 NSSF 的 IP 地址访问 NSSF。
- 方式 2：AMF 预先配置归属 NSSF 的 FQDN，或者以 NSSF FQDN 的格式自行构造归属 NSSF 的 FQDN，并以 NSSF 的 FQDN 向 DNS 查询，获得 NSSF 的 IP 地址，然后通过 NSSF 的 IP 地址访问 NSSF。

NSSF 网元标识（FQDN 格式的设备主机名）为<NSSF-id>.nssf.5gc.mnc<MNC>.mcc<MCC>.3gppnetwork.org。

## 4.3.4 网元的归属网络域名

### 1. 5GC 网元的归属网络域名

3GPP TS 23．003 标准中规定 5G 系统的归属网络域名（Home Network Domain）遵循 IETF RFC 1035 和 IETF RFC 1123，并采用如下结构：

5gc.mnc<MNC>.mcc<MCC>.3gppnetwork.org

（1）3gppnetwork.org：3GPP 接入系统的统一标识。

（2）mnc<MNC>.mcc<MCC>：标识归属网络运营商的 PLMN。

● 如果 MNC 只有 2 位有效数字，则应在左侧插入一个"0"，将 MNC 填充为 3位。例如：PLMN 的 MCC 为 460，MNC 为 00，则 mnc<MNC>.mcc<MCC>应为 mnc000.mcc460。

● 对于拥有多个 MNC 的运营商，当同一网络切片服务于多个 MNC 的用户时，可以将归属网络运营商所拥有的某个 MNC 用作归属网络域名 MNC。

● 对于拥有多个 MNC 的运营商，当采用特定的网络切片服务于特定 MNC 的用户，且在系统中广播此特定网号时，应将服务于特定网络切片的网元（NF Instance）的归属网络域名中的 MNC 配置为对应的 MNC，并服务于相应的 NF Service。

（3）5gc：标识 5GC。

### 2. EPC 网元的归属网络域名

3GPP TS 23.003 标准中规定 4G 系统的归属网络域名（Home Network Realm/

Domain）遵循 IETF RFC 1035 和 IETF RFC 1123，并采用如下结构：

epc.mnc<MNC>.mcc<MCC>.3gppnetwork.org

（1）3gppnetwork.org：3GPP 接入系统的统一标识。

（2）mnc<MNC>.mcc<MCC>：标识归属网络运营商的 PLMN。

- 如果 MNC 只有 2 位有效数字，则应在左侧插入一个 "0"，将 MNC 填充为 3 位。例如：PLMN 的 MCC 为 460，MNC 为 00，则 mnc<MNC>.mcc<MCC> 应为 mnc000.mcc460。

- 对于拥有多个 MNC 的运营商，当同一网元服务于多个 MNC 的用户时，可以将归属网络运营商所拥有的某个 MNC 用作归属网络域名 MNC。

（3）epc：标识 4G EPC。

# 4.4 5G 核心网网元组网模式

## 1．AMF 组网模式

AMF 采用 AMF Set 组网模式（类似于 4G 系统中的 Pool 组网模式），Set 内包含多个功能相同的 AMF，根据 AMF 的容量设置权重因子，以实现 Set 内 AMF 的负荷均衡。

AMF Set 采用 $N+1$ 冗余备份模式，$N$ 一般为 3～5。对于分省集中部署模式，同一 AMF Set 内的 AMF 设置在省会城市不同地理位置的机房中。

## 2．SMF 组网模式

SMF 采用 SMF Pool 组网模式，Pool 内包含多个功能相同的 SMF。SMF Pool 可以通过设置容量因子等参数来实现 Pool 内多个 SMF 的负荷均衡。

SMF Pool 覆盖的区域与 AMF Set 覆盖的区域之间可以是一对一或者一对多关系，即 SMF Pool 覆盖的区域应不小于 AMF Set 覆盖的区域。

SMF Pool 内采用 $N+1$ 冗余备份模式，$N$ 一般为 3～5，Pool 内采用同一厂家的设备组网，以更好地实现 Pool 内的容灾倒换。对于分省集中部署模式，Pool 内的 SMF 设置在省会城市不同地理位置的机房中。

在设置 SMF 时，需要部署融合 SMF/PGW-C 设备，以满足 5G 用户从 4G 网络接入的业务需求。

### 3. UDM 组网模式

UDM 在具体实现上采用前后端分离的架构，前端（FE）负责处理信令及具体的业务逻辑，后端（BE）用于保存用户签约数据，前端通过访问后端获得用户签约数据。分离架构中的 UDM FE 对应 3GPP 标准中的 UDM，UDM BE 对应 3GPP 标准中的 UDR。

因为目前 UDM FE 和 UDM BE 的单套设备容量都在千万用户级别，处理的业务量和用户数据都非常大，所以 UDM FE 采用 $1+1$ 负荷分担工作模式，UDM BE 采用 $1+1$ 主备工作模式。对于分省集中部署模式，一般只需要设置一对 UDM FE 和一对 UDM BE，成对设置的设备需要部署在省会城市不同地理位置的机房中。

### 4. PCF 组网模式

PCF 一般分为 FE 和 BE，类似于 UDM。其中，FE 负责处理信令及业务逻辑，BE 用于存储用户签约数据，PCF 对应 5G 标准中的 UDR。

PCF FE 的单套设备容量一般在百万用户级别，通常采用 $N+1$ 负荷分担工作模式，$N$ 的取值一般为 3～5。如果投资允许，PCF FE 也可以采用 $N+N$ 负荷分担或主备工作模式。

PCF BE 的单套设备容量一般在千万用户级别，由于存储的用户数据量大，影响面广，PCF BE 一般采用 1+1 主备工作模式。对于分省集中部署模式，多套 PCF FE 和 PCF BE 一般均衡地设置在省会城市两个不同地理位置的机房中，主用设备和备用设备要分开设置。

新部署的 PCF 为融合 PCF/PCRF，应支持 5G 用户通过 4G 网络接入。

### 5. UPF 组网模式

UPF 根据用途不同可以分为核心 UPF 和边缘 UPF。其中，核心 UPF 对应 4G EPC 的 PGW-U，主要提供 eMBB 及 VOLTE 等业务。边缘 UPF 是配合边缘计算业务部署的 UPF。核心 UPF 可集中设置在省会城市及业务量比较大的城市，边缘 UPF 可根据边缘计算需求设置。集中部署的核心 UPF 可以采用 $N+1$ 组 Pool 的工作模式，$N$ 的取值一般为 3~5。边缘 UPF 一般负责特定区域的业务，业务量相对较小，可以采用 1+1 负荷分担工作模式。

在设置 UPF 时，需要考虑 4G/5G 网络融合，即 UPF 应为融合 UPF/PGW-C 设备，以满足 5G 用户从 4G 网络接入的业务需求。

### 6. NRF 组网模式

NRF 采用分层组网架构，骨干 H-NRF 负责跨省的 NF 注册、发现和授权，省 L-NRF 负责省内的 NF 注册、发现和授权。NRF 采用 1+1 主备方式进行容灾备份，主用设备应设置在不同地理位置的机房中。

### 7. AUSF 组网模式

AUSF 负责用户和网络的鉴权，一般与 UDM/UDR 融合设置，其容灾备份方式遵循 UDR 的容灾备份方式。

### 8．BSF 组网模式

BSF 负责 PCF 的会话绑定，BSF 可以独立设置，也可以与 PCF 合并设置。BSF 应支持 Diameter 协议，以保证与现有 EPC 互通。BSF 采用 1＋1 主备方式进行备份，对于分省集中部署模式，BSF 应设置在省会城市不同地理位置的机房中。

### 9．NSSF 组网模式

NSSF 负责为 UE 选择网络切片，通常成对设置，采用 1＋1 负荷分担的方式进行容灾备份。对于分省集中部署模式，NSSF 应设置在省会城市不同地理位置的机房中。

## 4.5　5G 语音业务部署方案

4G 网络和 5G 网络将会长期共存。在 5G 网络部署初期，语音业务会出现以下场景。

（1）Option3 用户位于 EPC 提供服务的 eNB 中，使用 VoLTE 提供语音业务。

（2）Option3 用户位于 EPC 提供服务的 NR 中，使用 VoLTE 提供语音业务。

（3）Option2 用户位于 5GC 提供服务的 NR 中，使用 VoNR 提供语音业务。

针对 5G 网络，3GPP R15 语音业务部署方案包括 VoNR 方案和 EPS Fallback 方案。

### 1．VoNR 方案

VoNR 即 Voice over NR，指由 5G NR 承载语音业务。在 VoNR 方案中，终端驻留于 NR 中，数据和语音业务都由 NR 承载，5GC 接入 IMS 网络，IMS 网络架构不变。VoNR 协议栈示意图如图 4.9 所示。VoNR 将引入以下特性。

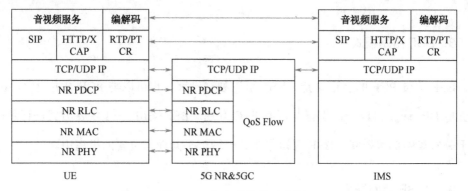

图 4.9　VoNR 协议栈示意图

（1）5GC 通知 UE 支持 VoNR：AMF 需要通知 UE 网络侧是否支持 VoNR。

（2）P-CSCF 地址发现：SMF 支持在 PDU 会话建立过程中，向 UE 返回本地预配置的 P-CSCF 地址列表。

（3）被叫域选择：5GC 的 UDM、AMF 等网元应支持与 IMS 交互，提供 UE 的注册状态查询及接续域的选择。HSS 和 UDM 分别通过 S6a 接口和 Namf 接口向 MME 和 AMF 查询"IMS voice over PS supported"情况，并根据被叫用户实际登记位置选择相应的方案。

● 如果查询结果为"Supported"，则 TAS 选择在 IMS 域呼叫被叫用户。

● 如果查询结果为"Not-Supported"，用户注册时接入类型为 LTE，RAT Type 为 5G，则 TAS 选择在 IMS 域呼叫被叫用户。

● 如果查询结果为"Not-Supported"，用户注册时接入类型为 LTE，RAT Type 不是 5G，则 TAS 选择在 CS 域呼叫被叫用户。

● 如果查询结果为"Unknown"，则 TAS 根据全局配置确定在 IMS 域或 CS 域呼叫被叫用户。

（4）Rx 接口路由寻址：PCF、SMF 和 AMF 应支持 IMS 通过 Rx 接口获取用户的 5G 位置信息，BSF 还应支持 Rx 接口与 N7 接口的会话绑定机制。

（5）4G/5G 语音互操作：5G 核心网应支持基于 N26 接口的 VoNR 与 VoLTE 的双

向语音业务连续性。

（6）IMS 紧急呼叫：AMF 应支持紧急呼叫，以及紧急号码列表下发；AMF 与 SMF 应支持紧急 PDU 会话建立等功能，确保 5G 语音能够满足国内紧急呼叫业务要求。

## 2. EPS Fallback 方案

EPS Fallback 是指终端已经完成 IMS 注册，但在发起呼叫的过程中发现不支持 VoNR，此时 5G NR 根据终端能力、N26 接口可用性、网络配置及无线状况触发回落流程，重定向到 EPS 系统或切换至连接 5GC 的 E-UTRAN。如果 AMF 指示重定向不可行，则无法完成上述回落流程。EPS Fallback 信令流程图如图 4.10 所示。

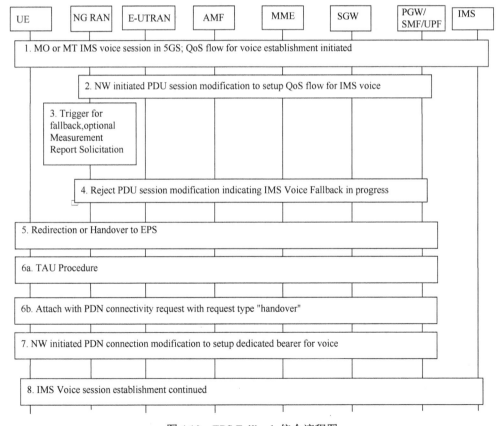

图 4.10　EPS Fallback 信令流程图

完成 EPS 移动性管理流程后，SMF 重新建立 IMS 语音专载，后续流程与 VoLTE 基本相同，但是要求 MME 支持 N26 接口。

## 4.6 5G 短信业务部署方案

根据组网方案与终端能力，5G 短信业务有三种部署方案。

### 1. SMS over SGs

与 4G SGs 短信方案相同，NSA 组网模式可采用该方案。基于 EPC 与 CS 域间的 SGs 接口提供短信收发能力，但该方案对 CS 域存在依赖。

### 2. SMS over IP

与 VoLTE 短信方案相同，NSA 和 SA 组网模式均可采用该方案。通过部署 IP-SM-GW 连接短信中心和 IMS 核心网，实现传统电路域短消息与 SIP 消息间的转换，为用户提供短信业务。

为支持 5G 用户，IMS 域的 IP-SM-GW 设备应增加对 5G 接入信息的被叫域选择的支持。

### 3. SMS over NAS

通过引入 SMSF 为 5GC 与短信业务系统提供交互，短消息通过 UE 与 AMF 间的 NAS 信令传送。AMF 与 UDM 设备应支持终端与 SMSF 的注册选择、相关用户数据信息管理能力。

在该方案中，SMSF 逻辑网元有两种模型，对应的架构分别如图 4.11 和 4.12 所示，每个 UE 仅关联一个 SMSF，由 AMF 决定。为了支持 SMS 的被叫域选择，SMSF

需要与 IP-SM-GW 及 SGs MSC 相连。

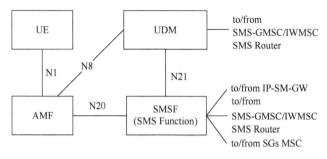

图 4.11 SMS over NAS 架构（基于参考点模型）

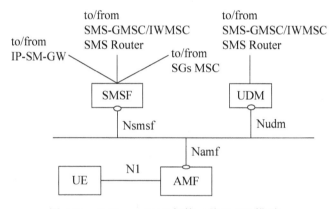

图 4.12 SMS over NAS 架构（基于 SBI 模型）

对于支持 IMS 的 UE，需要在 UE 侧配置归属运营商的 MO SMS 策略：如果网络没有部署 SMS over IMS，则 UE 只能使用 SMS over NAS；如果网络部署了 SMS over IMS，并且优先使用，则 UE 需要在 IMS 上发送 SMS，如果无法发送，则回退使用 SMS over NAS。

# 第 5 章

# 5G 网络智能运维

## 5.1 引言

当前，新一轮科技革命和产业变革正在全球范围内兴起，数字经济已经成为全球经济持续增长的重要引擎。作为数字经济时代的关键使能技术和基础设施，5G 网络可提供超高宽带、超低时延和海量连接，将真正实现"万物互联"，从而构筑起经济社会全面数字化转型的关键基础设施。

本章主要介绍 5G 网络运维面临的挑战、自治网络和智慧中台，以及应急维护、典型问题处理、投诉处理、自动拨测等内容。

## 5.2 5G 网络运维面临的挑战

新技术架构的引入和业务多样性，使得 5G 网络运维面临两大挑战。

挑战一：5G 网络同时承载多种不同 QoS 需求的业务，差异化的业务保障需求对运维工具、运维流程、运维能力提出了新要求，对传统运维模式提出了新挑战；而新架构、新技术的引入，也大幅提高了 5G 网络的运维难度。

挑战二：2G、3G、4G、5G 多制式网元共存，使运营商的运维效率及成本面临新挑战，电信业 OPEX 随着网络规模增加而逐年激化的产业结构化矛盾亟待解决。

对于 5G 网络运维面临的挑战，传统运维模式无法应对，电信业对网络运维自动化、智能化的需求迫在眉睫。

# 5.3 自治网络和智慧中台

## 5.3.1 自治网络

2019 年，中国移动联合华为等合作伙伴率先提出了"自治网络"的概念。随后，3GPP、ETSI、CCSA 等国内外标准化组织纷纷跟进。自治网络包括网络自动化和运维自动化。网络自动化是指网络自身实现自动配置、故障自愈、自动优化，具备灵活的业务发放功能和高可靠性、高性能。运维自动化是指实现跨厂商、跨专业、跨区域的自动化管理。

按照电信管理论坛（TMF）的定义，自治网络架构从上到下包括商务管理、业务管理、网络管理和网元管理 4 个层次，各层之间有逻辑联系，最终实现闭环管理。自治网络架构如图 5.1 所示。

自治网络分为 L0~L5 共 6 个级别，包括执行（Execution）、感知（Awareness）、分析/决策（Analysis/Decision）、意图/体验（Intent/Experience）4 个方面，见表 5.1。其中，L0 是人工操作维护，自动化程度最低；L1 是辅助操作维护，执行方面由系统和人工配合完成；L2 是部分自治网络，执行方面由系统自动完成，而感知方面由人工和系统配合完成；L3 是条件自治网络，执行和感知方面由系统自动完成，分析/决策方面由人工和系统配合完成；L4 是高度自治网络，执行、感知和分析/决策方面由系统自动完成，意图/体验方面由人工和系统配合完成；L5 是完全自治网络，执行、感知、分析/决策、意图/体验方面全部由系统自动完成。

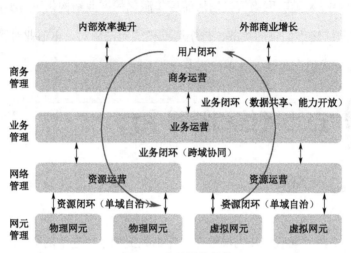

图 5.1　自治网络架构

表 5.1　自治网络分级标准

| 自动化等级 | 执行 | 感知 | 分析/决策 | 意图/体验 |
|---|---|---|---|---|
| L0：人工操作维护 | 人工 | 人工 | 人工 | 人工 |
| L1：辅助操作维护 | 人工、系统 | 人工 | 人工 | 人工 |
| L2：部分自治网络 | 系统 | 人工/系统 | 人工 | 人工 |
| L3：条件自治网络 | 系统 | 系统 | 人工/系统 | 人工 |
| L4：高度自治网络 | 系统 | 系统 | 系统 | 人工/系统 |
| L5：完全自治网络 | 系统 | 系统 | 系统 | 系统 |

## 5.3.2　智慧中台

### 1. 智慧中台建设原则

智慧中台的建设应遵循以下原则。

（1）以业务为导向：打破现有业务能力割裂状态，构建业务能力运营中心，梳理云网原子能力目录，基于场景特征对能力进行编排和组合，形成场景化服务仓库。

（2）双态支撑模式：稳态模式面向确定性成熟业务，针对不确定性较强的创新型业务，提供低成本试错、快速迭代的敏态开发环境，支撑能力共创共建的合作开发。

（3）数智融合：打造业务数据化、数据资产化、资产服务化的数据流闭环，通过AI 注智赋能，全面提升运维智能化水平。

### 2. 智慧中台整体架构

智慧中台由技术中台、数据中台、AI 中台、业务中台、云网能力运营中心等部分组成。各子中台对各类分散的云网基础能力进行抽象、沉淀、聚合，再根据场景化需求进行灵活的编排组合，通过标准化接口对外开放服务。智慧中台整体架构如图 5.2 所示。

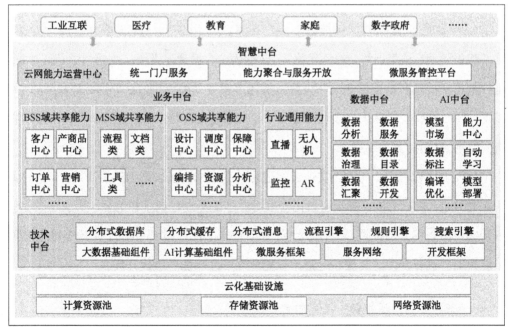

图 5.2 智慧中台整体架构

技术中台提供统一的技术底座（如微服务框架、分布式缓存、分布式消息、开发框架等），为智慧中台的其他模块（如业务中台、数据中台、AI中台、云网能力运营中心等）提供统一的底层技术能力支撑，实现技术底座的共享与复用。

业务中台提供 BSS 域共享能力、MSS 域共享能力、OSS 域共享能力及沉淀的行业通用能力。业务中台汇聚基础网络的各种能力，并以子单元/组件的形式在业务中体现，如 5G 网络的 E2E 切片管理子单元/组件、MEC 管理平台子单元/组件、公有云对应的云管平台子单元/组件等。业务中台从业务的维度抽取系统的基础能力，实现单项能力的跨域端到端拉通，对内外部客户呈现业务的逻辑属性，屏蔽跨域、跨厂家的非核心属性。

数据中台实现数据的统一采集，基于统一的数据标准进行数据治理，建立规范和共享的数据分层架构，实现数据存管、数据关联与数据赋能。通过引入数据中台，可逐步打造业务数据化、数据资产化、资产服务化、服务业务化的持续迭代的数据应用闭环。

AI 中台是智慧中台的 AI 能力中心，支持 CPU、GPU、FPGA 等多种硬件类型，具备数据管理、模型训练、编译优化等 AI 能力。数据管理模块从数据湖中获取数据，进行数据预处理和数据标注，并将数据输送至模型训练模块；模型训练模块进行 AI 模型训练，将模型编译优化成可用模型，发布到模型市场，根据应用需求调用推理模块，实现 AI 对应用的赋能。

云网能力运营中心一方面实现云网融合体系架构中基础能力的汇聚接入，构建原子能力目录；另一方面，基于场景化需求对原子能力进行编排和组合，形成场景化服务仓库（涵盖场景的配置、运行、运营管理）。云网能力运营中心基于场景能力和原子能力对外进行能力的开放和运营，赋能前端产品和业务敏捷开展。

### 3. 智慧中台对新业务的赋能方式

面对 5G 时代拓展新市场和新业务的需求，运营商可以通过智慧中台实现网络能力的数字化抽象，拉通 IT、CT、DT、OT 等各类能力，提供云网一体化服务，快速响应行业需求。以智能切片业务开展为例，通过智能中台可以实现切片受理、开通、保障、优化等全生命周期的业务支撑。

切片受理阶段：业务中台提供基础的切片订购服务，数据中台基于智能制造的客户需求进行营销数据分析，AI 中台根据智能制造各类场景的不同需求，如机器臂切片场景、工厂监控切片场景、工厂环境感知切片场景等，提供智能化的场景分析及产品包建议。

切片开通阶段：业务中台提供切片的规划、设计和业务编排服务，数据中台提供全网资源的数据透视，AI 中台结合客户需求和资源状态实现切片资源的最优组合。

切片保障阶段：业务中台提供切片业务质量管理，数据中台提供切片各类指标系统的端到端监控分析，AI 中台基于健康状态对潜在故障进行智能预警。

切片优化阶段：业务中台提供对各类切片的投诉管理，数据中台基于用户投诉关联相应的网络问题，AI 中台给出智能优化建议并对未来的业务状态进行预测分析。

## 5.4 智能运维

2016 年，著名 IT 研究机构 Gartner 在其词库中添加了 AIOps，这是 Algorithmic IT Operations 的缩写，字面意思是一种基于算法的运维方式。经过近三年的市场发展和沉淀，2018 年 11 月，Gartner 把 AIOps 升级为 Artificial Intelligence for IT Operations，并给出如下定义："整合大数据和机器学习能力，通过松耦合、可扩展方式提取和分析在数据量（Volume）、种类（Variety）和速度（Velocity）这三个维度不断增长的 IT 数据，为所有主流 ITOM（IT Operations Management）产品提供支撑。"这就是智能运维。

近几年，随着大数据和人工智能的兴起，智能运维成为运维圈最火热的话题之一，也是当前运维工作努力的方向。人工智能在指标异常监测、告警根因分析、告警关联方面有不小的进展，部分解决了故障检测和定位问题，但在故障的自动隔离、恢复和评价方面仍有许多需要完善的地方。

5G 网络具有全新的网络架构和应用场景，工业互联网的应用对 5G 网络运维提出了更高的要求和更苛刻的反应条件。5G 网络功能全面虚拟化，通过在通用的硬件平台上运行不同的软件来实现差异化的网络功能，当硬件出现问题时，通过将网络功能迁移到其他硬件上来解决故障，通过自动扩缩容来适应业务规模的变化。由于增加了虚拟层，实现了软硬件解耦，5G 网络运维的复杂度又上了一个台阶。

## 5.4.1 5G 网络运维模式的特点

5G 网络运营商面临以下三大挑战。

一是盈利模式的挑战。移动数据流量近 10 年增长了 1000 倍，但整体利润增长趋于平缓。运营商需要在以业务应用为主的宽带移动产业生态中找到合理的盈利模式，维持网络的健康有序运营。但是，传统运营商的核心业务（如语音、短信等）正在受到新兴 OTT 业务（如微信等）的冲击，基于公众移动网络提供行业应用的盈利模式还需要不断的磨合和探索；

二是运营模式的挑战。目前，移动通信网络已成为城市基础设施，接入移动通信网络的基本费用在不断降低，但网络运维效率没有实现突破；产业生态逐步以上层应用为主，在新的生态结构中出现一些超大规模的应用企业，它们需要和网络运营商一起找到各自在未来信息网络生态中的定位和利润增长点。

三是管控权限的挑战。终端在人们的日常生活和工作中扮演越来越重要的角色，涉及即时沟通、休闲娱乐、购物支付、远程办公、医疗健康、智能家居等，终端还可以成为身份标识的载体，但这已经超越了以盈利为目的的网络运营商对用户进行管控的权限和能力。

5G 网络运维模式具有如下特点。

### 1. 网络服务多样性

5G 网络为用户提供了一个开放的端到端个性化网络，并且可以为每个用户提供特定服务的支持能力，这些网络服务能力是针对特定内容、应用程序或服务进行优化的，以满足内容、应用程序或服务对特定质量水平（SLA）的要求。运营商需要在网络中为各个服务提供灵活的资源配置，这往往通过资源占用的优先级调整策略来实现，以适应用户或流量需求的变化。互联网需求的爆发式增长对 5G 网络的多样性应用提出了更高的要求，传统的运维流程中对流量的管理思路和方法已不再适应 5G 网络运维。

### 2. 性能管理复杂性

5G 网络的大规模部署及应用使性能管理的复杂性大大增强。5G 网络切片端到端时延需要在各段进行性能开销的估算，并将这些性能开销转换为网络资源配置，这些都是网络管理面临的新课题。网络系统的分布式架构也会对性能管理有影响，这些都需要综合评估和权衡。

### 3. 网络管理跨越性

5G 网络在设计之初就提出支持灵活的网络架构，以支持未来多样化的应用。5G 网络的技术栈被设计成多层架构，底层是基础设施层，中间层是 NFV 和 SDN，顶层是网络功能层。这要求网络管理实现智能化和自动化，以降低网络运维的压力。

## 5.4.2　5G 网络智能运维发展方向

由于 5G 网络支持为每个用户提供个性化的服务能力，以满足应用、内容和服务对 SLA 的要求，因此传统的运维流程中对流量的管理方法已不再适应 5G 网络运维，需要用新的手段和方法来应对。其中，网络切片是一种较好的解决方案，网络切片允许在同一个硬件设备上建立多个虚拟而独立的专用网络，每个虚拟专网可以配置不同级别的 QoS 和个性化形式，从而满足不同用户的流量需求和应用类型。另一种解决方案是全面引入自治网络的思想，这需要改变现有网络运维机制和体制，全面实现网络自动化管理，从而应对 5G 网络的新需求。

基于 DevOps/NetOps（开发运营/网络开发运营）实现网络运维虚拟化和自动化是未来网络运维的发展方向。

DevOps 是 Development 和 Operations 的组合词，是一组过程、方法与系统的统称，用于促进开发、技术运营和质量保障部门之间的沟通、协作与整合。在 DevOps 环境中，NetOps 是一种与传统网络流程完全不同的网络方法，它有助于实现网络现代化，并能提高网络灵活性、效率和可编程性。

电信领域的 NetOps 需要遵循 3GPP、TMF、ETSI 等标准，过去基于 OSS/EMS 建立了一套完整的网络管理系统，现在引入 NFV MANO、SDNC 和 CloudOS，云网管理架构比以往更加复杂。建立 DevOps＋NetOps 闭环流程是提升 5G 网络运维自动化水平的有效途径。

从现有 5G 网络部署实际情况来看，只有 5G 核心网能真正实现云化和虚拟化部署，以核心网集中部署为主的电信云中的所有虚拟化网元都能与其他专业网络设备进行交互，特别是和接入网、承载网、信令网对接，才能实现 5G 切片完整能力的开通。因此，5G 网络运维必须尽快借助 NetOps 的能力，结合 DevOps 成熟的工具流程和经验技术，形成全网端到端、开发运营一体化的自动化运维架构体系。

## 5.5 应急维护

### 5.5.1 应急维护的定义

应急维护是指在系统或设备发生紧急故障时，为迅速排除故障，恢复系统或设备的正常运行，尽量挽回或减少故障造成的损失而对系统或设备采取的一种故障处理措施。

　　紧急故障是指发生突然、影响面广、涉及范围大、可对网络的安全运行与服务质量造成严重影响的设备事故或网络事故。常见故障现象包括：

- 大量用户无法激活。

- 大量用户无法使用数据业务。

- 大量用户数据业务使用不正常。

- 系统的 CPU 占用率持续过高。

- 性能统计指标大幅下降。

应急维护的基本原则包括：

- 应急维护以快速恢复设备的正常运行与业务提供为核心，应参考相关设备的应急维护资料并结合已往的故障分析与经验，制定各种紧急故障的处理预案，定期组织相关管理人员与维护人员进行学习、演练。

- 应准备远程接入设备，并在终端上安装相应的软件，保证远程接入设备能正常运行。

- 当系统或设备发生紧急故障时，维护人员应保持镇静，并通过故障申告、设备巡检、网管告警、设备告警、电话拨测等途径或手段尽可能多地收集与故障相关的各种信息，以便为后续的故障处理提供充足的依据。

- 现场发生重大故障后，应在尽量短的时间内恢复业务。在进行倒换、复位等操作前，应按照要求打开失败观察、信令跟踪等故障定位和分析工具，保存故障定位和分析所需的相关信息。对于计费类故障，应按照相应要求收集相关信息，进行故障处理。

按照业务受影响的程度可将容灾场景分为以下几类。

场景 1：VM/软件模块级故障场景。

场景 2：服务器/网络设备硬件级故障场景，单个或多个物理服务器、存储服务器/硬盘、网络端口/链路出现故障。

场景 3：VNF 级（网元级）故障场景。

场景 4：硬件分区级故障场景，资源池内一个硬件分区的所有硬件不可用。

场景 5：资源池级故障场景，整个资源池不可用。

场景 6：机房级故障场景，一个机房内所有设备/网元无法正常工作。

场景 7：机楼级故障场景，整个机楼内所有集中化电信云无法提供正常服务。

场景 8：DC 级故障场景，整个 DC 业务中断或瘫痪。

## 5.5.2 紧急故障处理步骤

### 1. 检查

发生紧急故障时，一般按以下步骤进行检查。

（1）立即到数据中心检查云系统硬件设备电源是否正常。如果发生大规模的电源故障，应尽快通知电源维护人员，进行电源恢复工作。

（2）如果云系统硬件设备电源正常，应检查数据中心云环境硬件指示灯状态是否正常。应结合用户投诉情况，在性能统计台上观察各局向的呼叫情况，迅速确认故障发生的范围，判断是全部局向故障还是个别局向故障。如果是个别局向故障，应和该局向人员联系，查看接口状态、链路状态，确定故障范围。

（3）查看 NF 各虚拟机状态是否正常。查看和其他 NF 的物理连接和链路是否正常。如果一切正常，应立即通知系统其他相关设备 NF 人员协同进行故障排查，或者参考其他 NF 设备的应急维护手册检查故障的可能来源。如果虚拟机和链路都正常，应考虑是不是软件及数据问题。可以尝试有条件地快速恢复：通过查看操作日志，确认是否误修改或删除了数据后发生系统瘫痪（可以通过检查人机命令操作日志和告警时间，判断操作和故障的相关性），如果是，可以对数据进行恢复。

### 2. 收集故障信息

及时收集故障信息对于请求技术支援、分析与定位事故原因、预防类似事故的再次发生等具有重要的意义。收集故障信息既可以为运营商提供宝贵的维护经验，也可以为设备制造商改进设备提供参考。

收集故障信息主要包括以下内容。

1）事故简明通报

事故简明通报由运营商拟定，其主要内容包括事故发生的时间、事故的性质、事故的主要现象及事故的详细处理过程等。在故障未解决的情况下，也需要提供已经进行的详细操作过程，以便后续快速有效地解决故障。

2）系统调试信息

应及时将网管服务器系统的所有日志文件复制并存储到一个新的文件路径下。

应使用文件管理系统将前台虚拟机中的日志文件保存下来。

3）告警信息

应收集事故发生前 30 分钟到事故发生后 30 分钟内的历史告警信息，维护人员可在告警浏览窗口中进行查询与保存操作。

4）命令日志信息

应收集事故发生前 30 分钟到事故发生后 30 分钟内的命令日志信息，维护人员可以在网管系统的日志管理子系统中查询操作日志、安全日志和系统日志。

## 5.5.3 应急维护流程

### 1. 总部核心网专业主要工作

（1）指导各省进行业务保活实施及网元故障处理。对影响较大、定位复杂、影响多省多业务的故障，牵头对故障处理流程进行回溯，开展流程优化；对于需要全网预警的核心网缺陷，及时发布预警信息。

（2）发生影响多省多业务的故障时，协同总部云平台专业进行 6～8 级倒换决策。

（3）承担总部维护网元的故障处理及业务保活职责。监测总部维护网元的告警信息、网元粒度质量指标等，发现异常时通知大区省及涉及的业务所在省，并积极自救，必要时申请升级救援。

（4）逐业务、逐网元提前准备好应急预案、VNF 倒换操作脚本，定期开展演练，确保预案及脚本准确有效。

## 2. 大区省云平台专业主要工作

（1）负责建立与总部、接入省、各大区省信息沟通的"绿色通道"，并及时更新人员。

（2）发生影响多省多业务的故障时，进行 4～5 级倒换决策，负责向总部提供相关信息以支持总部 6～8 级倒换决策。

（3）负责大区资源池运行监控、故障处理。资源池故障或网络基础设施问题可能影响上层业务正常运行时，及时通知相关接入省，提供云平台相关告警、垂直资源关联等信息，支持网元维护部门的业务保活决策、响应升级救援请求。

（4）提前准备资源池各类故障场景的应急预案和脚本，逐省份、逐业务、逐网元提前制定应急预案和脚本，定期开展演练，确保预案及脚本准确有效。在接入省实施 VNF 接口虚拟机变更操作后的三日内完成应急脚本更新。在每次重要保障之前联合接入省更新、确认应急预案及脚本。

## 3. 接入省核心网专业主要工作

（1）当总部维护的网元发生故障时，配合进行业务影响确认，以及业务保活执行情况确认；当总部维护的网元发生故障且不具备业务保活操作条件时，有条件的省份可向总部申请执行针对本省业务的保活操作。

（2）承担本省维护网元的故障处理及业务保活职责。监测本省维护网元的告警信息、网元粒度质量指标等，发现异常时通知总部、大区省，并积极自救，必要时申请升级救援。

（3）逐网元提前准备应急预案及操作脚本，定期开展演练，确保预案及脚本准确有效。向大区省提供本省所有网元的接口虚拟机等信息，配合大区云平台专业制定本省分业务、分网元的应急预案及脚本。VNF 网络割接如涉及接口虚拟机的变更操作，应在割接工单中将信息同步给大区省云平台专业并配合大区省及时完成应急脚本更新。

### 4．网元维护部门应急流程

（1）网元维护部门负责接入故障网元，收集设备告警、指标劣化、用户投诉等信息，组织故障定界，及时将故障信息告知总部相关专业和大区省云平台维护职责单位；在发生告警或业务降质的 15 分钟内完成业务影响判断，准备应急脚本，评估业务保活操作的信令冲击及流控策略配置，进行业务保活决策。如涉及 ToB 业务，在保活操作前，网元维护部门应积极配合客响部门做好 ToB 客户业务保障工作。

（2）大区云平台维护职责单位应及时提供云平台相关告警、垂直资源关联等信息，辅助接入省确定需要采取的自救措施。

（3）根据故障级别，可采取的业务保活措施如下。

① 针对处理能力下降、指标劣化甚至处于故障状态的虚拟机（1级），网元维护部门应对虚拟机采取隔离、迁移等措施积极进行自救，迁移操作期间大区省应进行保障支撑，自救无效时应请求大区省协助执行故障虚拟机的迁移操作。

② 针对虚拟机所在的处于"生病"状态的服务器（2级），在大区云平台维护职

责单位确认服务器故障后，网元维护部门应对故障服务器上的虚拟机采取隔离、迁移等措施积极进行自救，迁移操作期间大区省应进行保障支撑，自救无效时应请求大区省协助执行虚拟机的迁移操作。

③ 针对处于"生病"状态的网元（3 级），网元维护部门应及时采取隔离措施，由其他 VNF 或传统网元接管业务；网元维护部门不具备操作条件时，应请求大区省关闭网元接口虚拟机以实现故障 VNF 隔离。

（4）网元维护部门采取自救措施期间，大区省应积极跟踪自救情况。对网元维护部门采取的业务保活操作，由大区省确认操作对云平台的影响；对大区省协助的业务保活操作，由网元维护部门确认操作结果的有效性。

（5）启动业务保活操作后 20 分钟业务未恢复或网元维护部门确认 1～3 级自救措施均无效时，由网元维护部门通知大区省启动升级救援，并按要求提供本省业务受损的用户规模、批量投诉用户数量等信息。

（6）在接入省自救期间，大区省应主动做好升级救援准备，如大区省已经确认故障影响多省多业务且网元维护部门短时间内无法准确定位或修复，大区省应主动向网元维护部门建议直接进入升级救援阶段，并提供救援方案。接入省根据自身业务影响、业务劣化趋势，结合自救效果和大区省救援方案，确定继续实施自救或大区省救援，并在 5 分钟内向大区省做出明确答复。

### 5. 大区维护部门应急流程

（1）大区省在接到网元维护部门升级救援请求，或者主动申请升级救援后，结合请求或同意升级救援的接入省数量、业务受损的用户规模、批量投诉用户数量、资源池内故障情况，及时判断并确定实施升级救援措施。

（2）若单个资源池（4～5 级）承载的省份中超过 50%请求或同意升级救援、影响用户数量超 100 万、引发两个以上省份业务批量投诉、超过 50%的虚拟机/服务器/

存储受影响、主备 DC-GW/EOR 受影响（满足其中一项），则由发生故障的大区省分管二级经理决策后，实施资源池级倒换，并汇报总部、通知接入省。

（3）若机房内多个资源池受影响（6 级），承载的省份中超过 50%请求或同意升级救援、影响用户数量超 500 万、引发两个以上资源池内相关省份业务批量投诉（满足其中一项），则由发生故障的大区省通知总部决策后实施机房级倒换。

（4）若 DC 内多个机房受影响（7～8 级），承载的省份中超过 50%请求升级救援、影响用户数量超 1000 万、引发两个以上机房相关省份业务批量投诉（满足其中一项），则由发生故障的大区省通知总部决策后实施 DC 级倒换。

（5）大区省实施升级救援措施前，接入省负责业务冲击的影响评估和流控策略实施确认，负责通知本省业支共同做好计费话单的正常生成与传送；各大区省做好业务接管准备。

### 6. 故障处理流程

（1）对于影响多省单业务（主要是总部维护网元故障）、单省单业务（主要是单接入省网元故障）的故障，由网元维护部门牵头进行故障原因定位，通过网元告警、性能指标、信令监测、日志分析等手段定位根因。

（2）对于影响多省多业务（主要是资源池及基础设施故障）的故障，由大区省云平台维护责任单位牵头开展故障原因定位，通过资源池告警汇聚、拓扑、日志、资源池拨测、根因分析等手段评估虚拟机、服务器、存储及网络设备的故障情况，判断资源池故障触发点。

（3）确定故障根因设备后，由维护责任省、责任专业牵头进行故障处理。按照维护分工，VNF 和 VM 故障由网元维护部门负责，资源池故障由大区省云平台维护责任单位负责，配套基础设施故障由设备维护责任单位负责。非责任专业按需跟踪故障处理进展，实施业务保活应急措施、故障恢复确认等。

## 5.6 典型问题处理

本节主要介绍 5G SA 网络接入失败问题的处理方法。

### 1. 问题描述

目前，5G SA 网络仍处于建设期，各网元运行还处于磨合阶段，接入失败的原因多且概率高。这里从可能造成接入失败的因素梳理入手，抽丝剥茧，形成问题排查思路，结合现场情况进行分析定位，总结问题处理经验，为后续 5G SA 网络运营提供有力的支撑。

### 2. SA 网络接入流程

在 SA 组网架构下，5G 终端开机入网主要是为了完成 UE 到 5GC 的注册。和 LTE 不同，5G 网络的注册流程不包含任何会话及用户平面的建立。在 UE 完成注册后，UE 可以自行决定是否发起用户平面的会话建立流程。UE 开机入网的步骤如下：

① 开机。

② PLMN 搜索。

③ 频点扫描。

④ 小区搜索。

⑤ 读取系统信息。

⑥ 小区驻留。

⑦ 发起注册流程。

主要目的如下：

① 实现上、下行同步。

② 建立 UE 到核心网的信令连接。

③ 完成 UE 到 5GC 的注册。

SA 网络接入流程如图 5.3 所示。

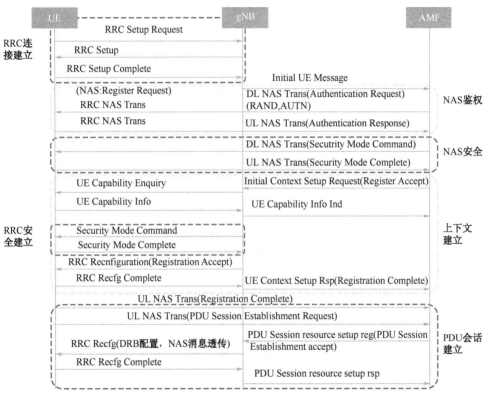

图 5.3　SA 网络接入流程

1）RRC 连接建立

UE 驻留小区后，需要向 AMF 发送 Registration Request 消息，该消息通过空口的 SRB1 和用户专用的 N2 信令传递给 AMF。为了实现 NAS 交换，必须先建立 RRC 连接。主要消息如下。

（1）RRCSetupRequest：主要包含 UE ID（随机数或者 5G STMSI）和建立原因。

（2）RRCSetup：主要是为了完成 SRB1 的建立，用来携带 UE 专用的 RRC 消息及部分 NAS 消息。

（3）RRCSetupComplete：表示 SRB1 建立完成。

2）5G 安全流程（包括 NAS 鉴权和 NAS 安全）

当 UE 上报注册请求消息给 AMF 后，AMF 会启动 5G 安全流程。

（1）UE 将注册请求消息发给 AMF，其中携带鉴权 UE ID（old 5G GUTI 或者 SCUI）。

（2）Authentication Request：AMF 将 RAND 和 AUTN 通过 NAS 消息转发给 UE。

（3）Authentication Response：UE 根据 AUTN 完成对网络的鉴权，通过后用 RAND 鉴权，将结果上报给 AMF。

（4）AMF 将结果转发给 AUSF，由 AUSF 完成终端鉴权，鉴权通过后，AUSF 下发相应的安全密钥给 AMF。

（5）Security Mode Command：AMF 通过 NAS 消息下发加密和完整性保护算法，激活 NAS 安全流程。

（6）Security Mode Complete：UE 通过 NAS 消息反馈完成加密和完整性保护算法。

3）上下文建立

核心网完成用户的鉴权和安全流程后，接下来就是上下文建立流程。

（1）AMF 向 gNB 发送上下文建立请求消息，其中携带无线侧的安全密钥、移动性限制信息及回复给 UE 的 NAS 消息。

（2）Identity Request、Identity Response：由于该 NAS 消息属于 NAS 保护消息，因此必须采用 SRB2 传递；为了建立 SRB2，基站必须先发起终端能力查询流程，获取终端无线能力。

（3）Security Mode Command、Security Mode Complete:gNB 获取终端无线能力后，

在空口激活 RRC 安全模式。

（4）RRC 安全模式激活后，gNB 下发 RRC 重配置流程用于配置 SRB2，同时将 Registration Accept 消息下发给 UE。

（5）UE 回复 Registration Complete 消息给 AMF。

上下文建立请求消息用于触发无线侧建立 UE 上下文，其中主要包含如下信息。

① 用户签约的 UE-AMBR（图 5.4）。

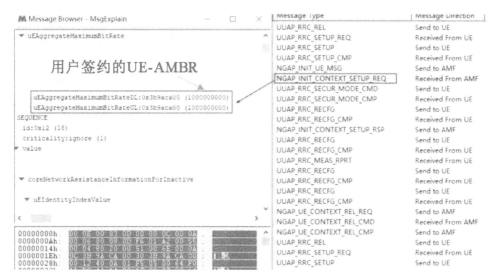

图 5.4 用户签约的 UE-AMBR

② UE 的安全能力。

③ UE 的移动性限制参数。

④ 注册接受消息。

注册接受消息中包含如下信息。

① 注册结果：指示注册的类型（图 5.5）。

② 5G GUTI：新分配的 5G GUTI。

③ TA LIST：AMF 分配的位置区。

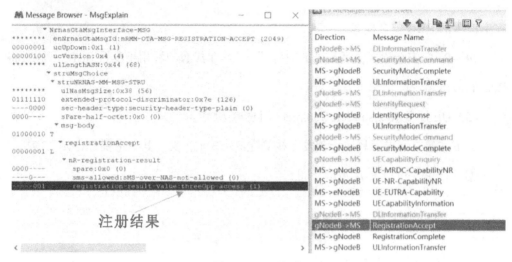

图 5.5　注册结果

④ T3512：周期注册更新定时器（图 5.6）。

图 5.6　周期注册更新定时器

4）PDU 会话建立

5G 会话管理（SM）由 SMF 负责，它指示 UE 和 5GC 之间是否存在 PDU 会话，每个 PDU 会话对应一个数据连接，该连接可以用 APN（Access Point Name）或 DNN（Data Network Name）表示。

一个 PDU 会话可以包含多个 QoS 流，5G 网络中的 QoS 流类似于 4G 网络中的

EPS 承载。

AMF 收到手机上报的 DNN 后，根据手机 IMSI 构造成 FQDN 格式，然后送至 DNS 查询（注意：这个 DNS 不是互联网上的 DNS，而是移动网内专用的 DNS，它只负责 5GC 网元之间的主机名或域名解析），DNS 中存有 DNN 的 FQDN 格式域名和 SMF 网关 IP 地址之间的对应关系，这样通过查询，AMF 便可以获得 SMF 网关的 IP 地址，之后便可以确定手机通过哪种接入方式来访问网络。

在 UE 完成初始注册流程后，UE 可以自行发起 PDU 会话建立流程，5GC 也可以通过 NAS 短信主动通知 UE 发起 PDU 会话建立流程。通过 PDU 会话建立流程，UE 和 UPF 之间可以完成 IP 连接的建立，同时至少会建立一个 QoS 流。在完成 PDU 会话建立后，UE 就可以根据 DNN 信息完成相应的业务。

（1）UE 向 AMF 发送 PDU 会话建立请求消息。

（2）AMF 根据 DNN 信息为用户选择 SMF，向 SMF 发起 SM 上下文建立请求。

（3）AMF 向 gNB 发起 PDU 资源建立请求，请求 gNB 建立空口 DRB 资源和隧道资源，同时携带给 UE 的 NAS 消息（PDU Session Establishment Accept）。

（4）UE 完成空口的配置，gNB 向 AMF 回复资源建立响应消息，其中携带 gNB 的 IP 地址和 TEID。

PDU 会话建立请求消息如图 5.7 所示。

PDU 会话建立接受消息如图 5.8 所示。

### 3. 问题排查思路

基于上述 SA 网络接入流程，结合 5G 网络优化过程中遇到的接入失败问题，总结出 SA 网络接入失败问题排查思路，如图 5.9 所示。

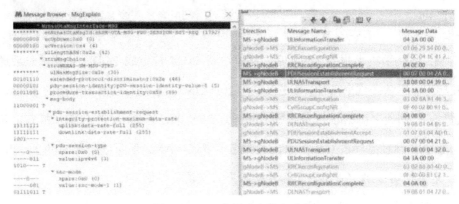

图 5.7　PDU 会话建立请求消息

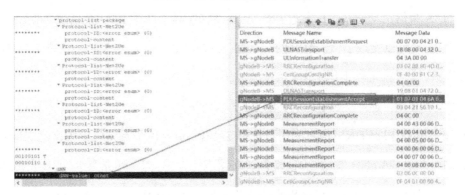

图 5.8　PDU 会话建立接受消息

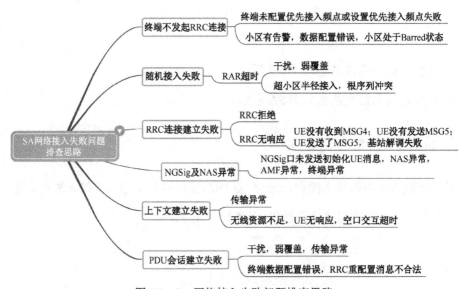

图 5.9　SA 网络接入失败问题排查思路

1）终端不发起 RRC 连接

（1）检查小区的状态是否正常，确认是否有硬件、射频类、小区类故障告警；排查小区发射功率是否正常，通过 LST NRDUCELLTRP 命令查询最大发射功率设置是否偏小。

（2）检查小区是否处于 Barred 状态。

（3）检查小区数据配置和 SSB 频点配置是否正确。

2）随机接入失败

（1）根序列冲突。

（2）小区时隙配比和时隙结构配置不正确，与周边站点相互产生干扰。

（3）小区半径过小，导致中远点用户无法接入。

（4）弱覆盖或干扰问题。

弱覆盖：可以通过终端侧检查小区 RSRP 或 MR 中上报的 RSRP，判断是否存在弱覆盖问题。

干扰：可以通过 RSRP 及 SINR，或者通过网管干扰监测，查看网络是否存在干扰问题。

3）RRC 连接建立失败

（1）弱覆盖或干扰问题。

（2）License 不足等导致接入失败。

（3）RRC 无响应。

● UE 没有收到 MSG4。

● UE 没有发送 MSG5。

● UE 发送了 MSG5，基站解调失败。

4）NGSig 及 NAS 异常

（1）NAS 过程异常，核心网主动释放 UE，或者直接发送 reject 消息。

（2）基站或配置问题。

（3）核心网 AMF 或传输问题。

5）上下文建立失败

（1）无线资源不足导致上下文建立失败，可进一步排查基站空口资源情况。

（2）UE 无响应导致上下文建立失败，可进一步排查空口覆盖、干扰或异常终端情况。

（3）传输异常导致上下文建立失败，如传输链路拥塞、丢包、传输参数配置异常等。

（4）空口交互超时。

6）PDU 会话建立失败

（1）检查 UE 是否发出 PDU Session Establishment Request 消息，若未发出，则需要进一步分析。

（2）检查 NG 口 AMF 是否发出 PDU Session Resource Setup Request 消息，若没有发出，则需要联合 AMF 做进一步分析。

（3）检查 UU 口 QoS 是否建立成功，NG 口是否向 AMF 发出 PDU Session Resource Setup Response 消息，若没有，则需要在基站侧排查原因。

（4）PDU Session Resource Setup Response 中若携带有失败原因值，则可根据原因值做进一步分析。

# 5.7 投诉处理

## 5.7.1 投诉处理流程

投诉处理流程如图 5.10 所示。

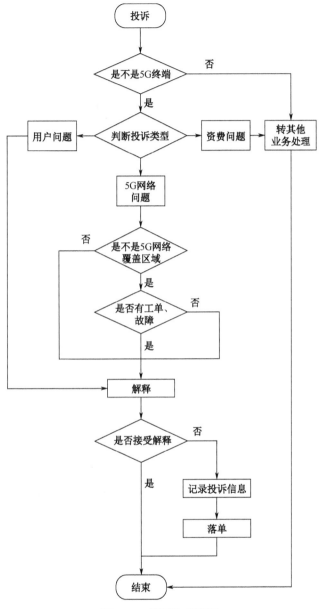

图 5.10 投诉处理流程

## 1. 判断是不是 5G 终端

如果是 5G 终端，则进一步判断投诉类型；如果不是 5G 终端，则转其他业务处理。

### 2. 判断投诉类型

根据投诉现象初步判断是网络问题还是非网络问题。如果是网络问题，则进一步查询 5G 网络覆盖区域；如果是非网络问题，则按相应业务进行处理。

### 3. 判断是不是 5G 网络覆盖区域

如果为非 5G 网络覆盖区域，则直接按 5G 网络覆盖口径进行解释；如果为 5G 网络覆盖区域，则进一步查询是否有工单、故障。

### 4. 查询是否有工单、故障

通过网投平台查询历史工单、故障信息，如果查询到相关信息，则按照历史工单、故障信息进行解释；如果查询不到相关信息，则尝试按照信号、通话问题等进行解释。如果用户接受解释，则直接结束，否则记录投诉信息。

### 5. 记录投诉信息

投诉信息主要包含问题发生时间、详细地址、终端型号、网络接入标识、问题描述等，落单后流转至相关部门核实处理。

## 5.7.2 常见问题

（1）如何判断投诉点是否处于 5G 网络覆盖区域？
目前可在网投平台中搜索地址关键字查询。

（2）上网慢问题如何处理？

① 用户反映网速比 4G 网络低或差不多。应询问用户信号格数及所处环境。如

果处于室内，则按室内弱覆盖问题处理；如果处于室外，则要先核实投诉点覆盖、故障情况。

② 用户反映信号满格，但速率低于 300Mbit/s。应先确认用户是不是新入网 5G 用户，判断是不是核心网限速。如果是新入网 5G 用户，则刷新数据、重启手机。如果仍未解决问题，则记录用户信息，派单核实处理。

③ 用户反映信号满格，速率超过 300Mbit/s，但未达到 5G 宣传网速。应先核实用户是否开通了 5G 优享服务或 5G 极速服务，若用户暂未开通，则引导用户开通相关服务；若用户已开通 5G 优享服务或 5G 极速服务，则派单核实处理。

（3）无 5G 信号或信号弱如何处理？

若用户位置处于 5G 网络覆盖范围内，则要确认用户处于室内还是室外。

① 如果用户处于室内，可对用户做以下解释："感谢您对我公司的支持，我公司正抓紧推进 5G 网络建设，5G 网络室内覆盖正在逐步完善，已将您反映的地点记录下来，后续会转交给相关部门，力争早日覆盖，感谢您的理解和支持。"

② 如果用户处于室外，应先按弱覆盖问题进行解释："感谢您对我公司的支持，我公司正抓紧推进 5G 网络建设，正在逐步完善 5G 网络覆盖，建议您前往 5G 网络覆盖良好区域体验，感谢您的理解和支持。"若解释无效，则应记录用户信息，并注明室外场景，派单核实处理。

（4）5G 手机通话问题应如何归类、处理？

5G 用户投诉通话问题，应归类为 4G 通话业务。5G 手机支持语音和数据业务，在 VoLTE 功能开启的情况下，上网、打电话互不影响。

① 请用户检查手机中的 VoLTE 开关是否打开。

② 后台检查用户是否已经开通 VoLTE 业务。

③ 确认用户手机中的 VoLTE 开关已打开，后台已为用户开通 VoLTE 业务后，建议用户重启手机，如果用户仍然无法正常使用语音业务，则记录用户信息，派单

核实处理。

## 5.8 自动拨测

5G SA 网络采用全新的 C/U 分离的网络架构，以及主备用大区的温备模式，这对现有的网络运维手段提出了新的挑战。业务监测系统能够预警网元性能指标的监控盲区，灵活监控各种呼叫场景的性能数据等。

### 5.8.1 测试目标

通过业务监测系统仿真 gNB、仿真 AMF 部署，达到如下目标。

目标一：满足对 5G SA 拨测系统的要求，保障 5G SA 网元上线后业务平滑迁移、正常使用。

目标二：实现 5G SA 网元上线验收、故障监测预警、日常割接验证等方面的运维支撑。

目标三：实现 5G SA 网络中 AMF、UPF、SMF、UDM、PCF 设备可用性监测和故障预警，以及 5G 业务流程可用性监测和故障预警。

目标四：实现新建 UPF 的实时测试功能。

目标五：实现双 DC 接入后 C 面故障区分。

### 5.8.2 测试组网

测试组网如图 5.11 所示。这里以湖北为例，仿真 gNB、仿真 AMF 与管理系统部署在移动云资源池内，仿真 gNB 采用专用硬件与 AMF 和 UPF 相连，仿真 AMF 与省内 SMF 相连，实现对 5G SA 网络的实时拨测预警。

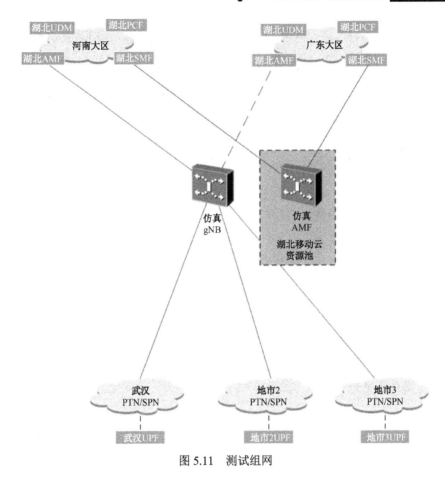

图 5.11　测试组网

　　其中，仿真 AMF 可接入河南和广东两个大区的 SMF，实现双 DC 测试；也可只接入河南大区的 SMF，进行主平面测试。若要进行双 DC 测试，则需要部署两套仿真 gNB，分别接入河南和广东两个大区的 AMF。仿真 gNB 部署在武汉，打通与各地市 PTN/SPN 到 UPF 间的传输路由。

### 5.8.3　测试内容

#### 1. 5G SA AMF 网元实时故障预警

在线接入 5G SA 核心网 AMF 设备，发起信令和媒体数据交互请求，实现仿真测试 gNB 的 N1、N2、N3 接口功能。以测试任务的方式实现对 5G 服务化网元 AMF 可用性、接口协议可用性的 7×24 小时全覆盖全路径遍历测试和故障预警。支持 N1、N2、N3 接口各种信令流程成功率、时延，并在话单中显示任务失败原因信息。

1）仿真网元

仿真 gNB。

2）测试指标

- N1 接口鉴权成功率。

- N2 接口注册成功率。

- N1 接口鉴权时延。

- N2 接口注册时延。

- 失败信令信息。

- 失败节点信息。

- 失败信令消息名称。

- 失败信令的 Error Code 或原因描述。

### 2．5G SA SMF 网元实时故障预警

在线接入 5G 核心网的 NRF、SMF 设备，发起信令数据交互请求，实现仿真测试 SMF 的 N3 接口功能。以测试任务的方式实现对 5G 服务化网元 SMF 可用性、接口协议可用性的 7×24 小时全覆盖全路径遍历测试和故障预警。

1）仿真网元

仿真 gNB。

2）测试指标

- N3 接口业务测试成功率。

- N3 接口业务测试时延。

- 失败信令信息。

- 失败节点信息。

- 失败信令消息名称。

- 失败信令的 Error Code 或原因描述。

### 3．5G 终端首次注册业务测试

通过仿真 gNB 模拟 5G SA 用户，向现网发起终端首次注册请求，测试终端首次注册流程是否正常。

1）仿真网元

仿真 gNB。

2）测试指标

- 测试成功率。

- 注册成功率。

- 鉴权成功率。

- 安全模式建立成功率。

- 注册时延。

- 鉴权时延。

- 安全模式时延。

- 失败信令信息。

- 失败节点信息。

- 失败信令消息名称。

- 失败信令的 Error Code 或原因描述。

### 4．5G 终端注销业务测试

通过仿真 gNB 模拟 5G SA 用户，完成现网注册流程后，发起注销请求，测试注销流程是否正常。

1）仿真网元

仿真 gNB。

2）测试指标

● 注销成功率。

● 注销时延。

● 失败信令信息。

● 失败节点信息。

● 失败信令消息名称。

● 失败信令的 Error Code 或原因描述。

## 5. gNB 5G SA 基础数据业务 HTTP 浏览测试

通过接入访问目标页面（文本＋图片），实现对指定网站及 5G 核心网当前路由全程可用性、稳定性测试，测试 HTTP 业务成功率、各类时延、速率等指标。

1）仿真网元

仿真 gNB。

2）测试指标

● 业务测试成功率。

● DNS 解析成功率。

● DNS 解析时延。

● TCP 建立成功率。

● TCP 建立时延。

● HTTP 页面浏览成功率。

● HTTP 页面浏览时延。

- HTTP 页面大小。

- HTTP 页面下载速率。

- 首个 HTTP 响应数据的时延。

- 丢失数据包数量。

- 乱序数据包数量。

- 重传数据包数量。

- 网页 IP 地址。

- 失败信令信息。

- 失败节点信息。

- 失败信令消息名称。

- 失败信令的 Error Code 或原因描述。

## 6. gNB 5G SA 基础数据业务 FTP 下载测试

连接 FTP 服务器，进行下载测试，测试 FTP 业务经过 5G SA 网络时的下载成功率、时延、速率等指标。

1）仿真网元

仿真 gNB。

2）测试指标

- 业务测试成功率。

- DNS 解析成功率。

- DNS 解析时延。

- TCP 建立成功率。

- TCP 建立时延。

- FTP 下载速率。

- FTP 下载建立成功率。
- FTP 下载时延。
- 网页 IP 地址。
- 失败信令信息。
- 失败节点信息。
- 失败信令消息名称。
- 失败信令的 Error Code 或原因描述。

### 7. gNB 5G SA 网络连通性测试

通过仿真 gNB 模拟 5G SA 用户，对目标地址（目标主机、IP 地址、URL 等）进行 ping 测试，测试网络连通性，以及成功率、时延、丢包等指标。

1）仿真网元

仿真 gNB。

2）测试指标

- ping 成功率。
- ping 时延。
- 丢包。
- 失败信令信息。
- 失败节点信息。
- 失败信令消息名称。
- 失败信令的 Error Code 或原因描述。

# 第 6 章

# 5G 行业应用解决方案

## 6.1 引言

随着行业数字化变革席卷全球，包括制造、交通、能源、医疗卫生、媒体、金融等在内的各行各业都在积极探索数字化转型道路，在数据采集、数据传输、数据应用三方面寻求技术突破。当前，5G 网络带宽、时延、可靠性、连接数等技术指标大幅改善，面对行业领域供给侧技术发展与需求，5G 将有效使能行业数字化建设，并逐渐成为热点。

在行业需求方面，行业企业对网络功能、性能、稳定性等提出了更高的要求。行业企业引入 5G 时，需要通信服务企业根据业务及管理需求做出适配，如网络部署架构、网络性能要求等。

在行业 5G 网络建设及运营方面，行业企业希望利用自身的站址、网络传输等资源探索与运营商合作构建 5G 网络的模式，在获得网络管控能力的前提下，进一步降低 5G 网络的使用成本；同时，希望 5G 网络的运营模式能与企业现有的网络及业务管理体系无缝融合，在获得 5G 网络运营权的同时降低企业自身的网络运营成本。

在行业 5G 应用构建方面，行业企业希望与运营商合作将 5G 平滑融入现有业务系统中，最好做到"即插即用"，对现有业务流程不做大的修改，从而实现现有业务提质增效，同时期望与通信服务企业合作探索新的业务类型。

运营商在为行业用户提供上述 5G 网络服务时主要采取以下三种模式。

（1）基于公网提供服务。

（2）复用部分公网资源，并根据行业诉求将部分网络资源提供给行业用户独享（混合组网）。

（3）建立与公网完全物理隔离的行业虚拟专网。

本章主要介绍 5G 行业用户需求、5G 行业虚拟专网整体架构与部署模式等内容。

## 6.2 5G 行业用户需求

### 1．降低成本的需求

随着行业信息化程度不断提高，通信网络成本越来越高。通信网络成本包括网络设备成本、网络建设成本、网络运营成本（包括流量资费成本和网络维护成本）及网络改造成本（硬件和软件）等。考虑到行业业务对网络升级的需求，通信网络系统需要保障兼容性和扩展性，这也直接提高了网络的整体成本。因此，要求 5G 行业虚拟专网支持灵活、差异化的部署策略，充分利用或复用运营商的公网资源，通过网络共建共维、通信资源共享、业务本地化处理及运营商的规模效应等，有效降低行业用户的通信网络成本。

### 2．多样性业务需求

各行业的不同业务对于网络的要求不同，视频、VR 等业务要求高吞吐量，自动驾驶要求网络具有超低的传输时延和极高的可靠性,监控、诊断等业务要求网络具备海量接入能力。同时,为了保障行业应用的业务连续性,网络覆盖能力、确定性时延等需要满足更高的性能要求。

### 3. 高安全性需求

行业数据安全在企业运营中占有举足轻重的地位,某些机密性和安全性要求较高的核心业务要求数据不出园区,这对网络提出了强隔离及本地化部署的要求。一方面,5G 行业虚拟专网需要为行业用户提供可靠的通信设备和完善的安全保障机制,在承载行业用户核心业务数据的基础上,也可以承载公网业务数据,行业用户的核心业务数据在传输过程中与其他业务数据实现严格的逻辑隔离,完成数据的本地化处理,以此保证核心业务数据不出园区。另一方面,为了保证业务安全可靠运行,5G 行业虚拟专网需要提供完备的鉴别服务、访问控制服务、数据保密服务、数据完整性服务、可审查性服务及高可靠的通信设施,全方位保障行业用户的网络、数据及应用安全。

### 4. 融合需求

行业应用的多样性导致各类应用场景对网络的要求也不完全相同,现有的网络类型包括 4G 网络、窄带物联网(NB-IoT)、Wi-Fi、现场总线、以太网等。为了更合理地使用网络并有效利用各种网络的优势,5G 行业虚拟专网需要充分考虑与现有网络的融合,构建与现有系统互联互通并深度融合的异构网络架构。因此,行业用户可根据不同的业务需求,选择不同的融合网络类型,实现与企业私有云和共有云等云端服务的融合部署。

### 5. 自运维需求

虽然 5G 行业虚拟专网可以向行业用户提供专网级别的服务,但行业用户仍需要拥有简单而必要的自运维能力，主要包括以下三方面。

（1）管理能力，即 5G 行业虚拟专网需要开放必要的网络监控和管理接口，实现行业用户的自配置和自管理，如告警、巡检、诊断、维护（远程/多地）、升级等。

（2）扩展能力，即 5G 行业虚拟专网需要开放必要的配置接口，支持行业用户根据自身需求的改变，在一定条件下动态调整网络，如用户权限变更、业务变更、网络微扩容等。

（3）交叉运维能力，即当行业用户缺乏 5G 通信设备维护能力时，支持运营商与行业用户共同运维，只要运营商通过行业用户的安防申请，就可以完成相关网络的运维工作。

# 6.3　5G 行业虚拟专网整体架构

5G 行业虚拟专网可以分为广域虚拟专网和局域虚拟专网两大类。局域虚拟专网适用于业务限定在特定地理区域的行业用户，基于特定区域的 5G 网络实现业务闭环，满足行业用户核心业务数据不出园区的需求，主要应用行业包括制造、钢铁、石化、港口、教育、医疗等；广域虚拟专网一般不限定地理区域，通常可基于运营商的端到端公网资源，通过网络虚拟、物理切片等方式实现不同行业不同业务的安全承载，主要应用行业包括交通、电力、车联网等。

5G 行业虚拟专网有两种重要的支撑技术：一种是网络切片，通过网络切片技术，可以构建端到端的 5G 虚拟网络，并且可以实现跨地域的专网形式，保障专网和公网的逻辑隔离甚至物理隔离；另一种是边缘计算，通过边缘计算技术，可以在工厂、园区等特定区域内构建独享或部分独享的网络资源。这两种技术可以同时使用，以更好地保障专网资源和质量。

5G 行业虚拟专网整体架构如图 6.1 所示。

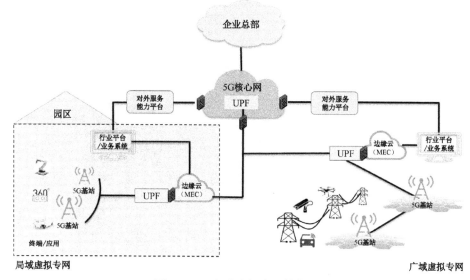

图 6.1　5G 行业虚拟专网整体架构

在网络部署方面，对于只需要对用户平面数据流进行安全保障的企业，可以通过下沉 UPF 到园区来实现本地业务分流到企业内网，从而保障业务数据不出园区（图 6.2）；对于要求极高的少数企业（不但要求业务数据不出园区，也要求网络控制信令不出园区），就需要将全套网元（控制平面＋用户平面）整体下沉到园区（图 6.3）。

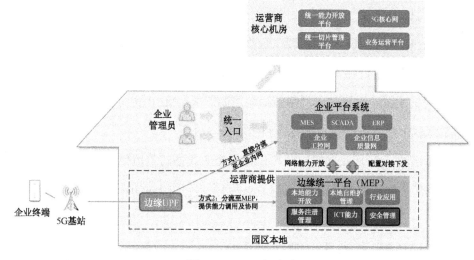

图 6.2　UPF 下沉方案

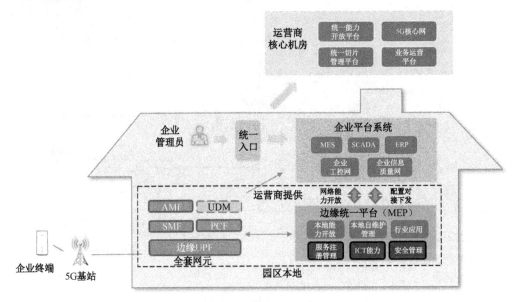

图 6.3　整体下沉方案

在图 6.2 中，UPF 是 5G 网络的流量出口，将 UPF 下沉至园区，可以实现业务流量不出园区，UPF 下沉使企业终端至企业应用的端到端流程均在园区内部完成，极大地缩短了 5G 网络的传输路径，能为低时延、大带宽业务提供更好的保障。从用户平面流量的角度看，企业应用可采用以下两种方式与 5G 网络对接。

方式 1：UPF 直接分流到企业内网既有业务系统，保障业务流不发生变化。

方式 2：UPF 与 MEP 一起部署在企业内部，MEP 是运营商部署在边缘侧的平台，是企业侧业务和边缘网络对接的载体。MEP 向企业提供流量接口，并能满足企业对 UPF 等网元的配置，以及对于网络能力调用的需求；MEP 也可以作为企业应用和企业系统的承载平台，进一步实现业务和网络的联动。

面向园区的 5G 行业虚拟专网可以实现企业业务的本地化处理和企业的自管自维，网络侧的关键技术包括本地分流技术、用户自运维 Portal、应用程序接口（API）开放等。

整体下沉方案是将 5G 核心网控制平面的 AMF、SMF 等网元及用户平面网元 UPF

都下沉到企业内部，实现业务建立等控制信令及核心业务数据不出园区，从而提供更好的数据及业务隔离性。在图 6.3 中，UDM 为用户卡资源及码号管理网元，涉及用户管理、鉴权、入网认证等，一般部署在运营商侧，部分对用户卡及码号管理有特殊要求的企业可考虑将 UDM 下沉至园区。整体下沉方案虽然具有最高的业务安全保障级别，但是企业需要承担 5G 核心网的整体费用，总体投资较大，5G 核心网对企业自身的网络维护、管理能力要求也很高，因此应用相对较少。

在上述两种方案中，为降低安装、维护的复杂度与成本，建议由运营商统一部署、安装和维护相关设备，并实现运营商和企业的分权管理。这种方式既能保障运营商从网络安全和统一调度的角度出发对系统平台进行必要的集中、高效、远程管理，又能满足企业的自运维需求。

行业企业能够利用运营商所提供的统一对外能力服务平台，实现对于网络能力开放、切片管理、资源配置管理等的一点接入。通过统一界面，行业企业可以访问 MEP，进行 UPF 分流规则配置、本地网络能力调用、网络自维护管理等操作；通过 5G 网络，行业企业可以访问运营商统一能力开放平台、统一切片管理平台等，实现网络资源定制。

## 6.4 5G 行业虚拟专网部署模式

面向园区的 5G 行业虚拟专网根据下沉的网络设备的不同，可采取不同的部署模式，具体见表 6.1。

表 6.1　5G 行业虚拟专网部署模式

| 部 署 模 式 | 部署 UPF | 部署 UPF＋MEP | 部署 5G 轻量级核心网 |
|---|---|---|---|
| 流量本地出口 | 业务 | 业务 | 业务＋控制信令 |
| 网络能力调用 | — | 可以提供 | 可以提供 |
| 行业企业自运维 | — | 可以提供 | 可以提供 |

续表

| 部 署 模 式 | 部署 UPF | 部署 UPF＋MEP | 部署 5G 轻量级核心网 |
|---|---|---|---|
| 部署复杂度 | 最低 | 居于两者之间 | 最高 |
| 部署成本 | 最低 | 居于两者之间 | 最高 |
| 企业运维能力 | 要求较低 | 中等要求 | 要求较高 |

（1）部署 UPF：主要适用于中小型企业，企业对流量不出园区、时延指标有需求，但终端状态及分流需求相对固定，无网络能力调用和自管自维需求；对于传输改造困难场景、机房空间或供电受限场景，可采用 UPF 与基站共机房等部署方式。

（2）部署 UPF＋MEP：主要适用于大中型企业，企业存在网络能力调用、网络及平台自管自维、业务规则制定等需求，也可由 MEP 承载部分企业应用和企业系统，要求企业具备一定的网络及平台管理能力；对于传输改造困难场景、机房空间或供电受限场景，可采用 UPF＋MEP 与基站共机房等部署方式。

（3）部署 5G 轻量级核心网：主要适用于大型企业，企业对核心业务有最高级别的安全隔离需求，同时存在网络能力调用、网络及平台自管自维、业务规则制定等需求，要求企业具备一定的网络及平台管理能力。

上述三种模式是逐步递进的关系，部署 UPF 的模式可以向部署 UPF＋MEP 的模式演进，部署 UPF＋MEP 的模式可以向部署 5G 轻量级核心网的模式演进，因此企业也可以根据需求分阶段进行部署。

## 6.5 面向广域的 5G 行业虚拟专网

面向广域的 5G 行业虚拟专网基于运营商 5G 公网的广域覆盖能力，在较大地理区域范围内为行业用户提供专网服务，具有覆盖广、跨域大的特点。面向广域的 5G 行业虚拟专网由 5G 无线接入网、5G 核心网、边缘计算平台组成。

面向广域的 5G 行业虚拟专网有以下两种逻辑架构。

（1）网络资源共享的逻辑架构，如图 6.4 所示。在此种架构下，各行业用户使用运营商 5G 公网的网络资源，不同的行业用户可通过虚拟专用切片实现业务逻辑隔离，行业用户可根据需求共用核心网控制平面和用户平面，也可以通过逻辑专用切片实现核心网控制平面资源的虚拟专用，用户平面网元 UPF 可以根据是否虚拟化分为虚拟专用和物理专用。这种架构通过网络切片、DNN、QoS 等技术手段实现业务优先保障和业务汇聚，满足网络传输速率、时延、可靠性等方面的需求。

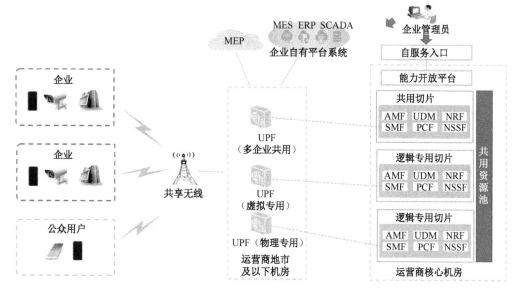

图 6.4　网络资源共享的逻辑架构

（2）网络资源专享的逻辑架构，如图 6.5 所示。在此种架构下，各行业用户仍共享 5G 公网的无线网络资源。在核心网侧，运营商通过为行业企业提供物理隔离的专用切片的方式满足业务传输需求。核心网控制平面通过专用服务器承载物理专用切片实现物理资源专享。用户平面网元 UPF 可以根据是否虚拟化分为虚拟专用和物理专用，实现业务流量隔离。

面向广域的 5G 行业虚拟专网有以下两种部署模式。

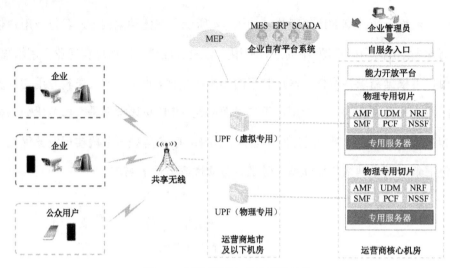

图 6.5　网络资源专享的逻辑架构

第一种是网络资源共享部署模式,适用于对行业业务性能指标有较高要求而对安全隔离要求不是很高的企业。这种部署模式可分为共用用户平面和专用用户平面,如图 6.6 和图 6.7 所示。

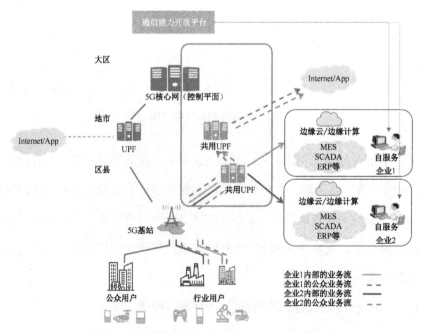

图 6.6　网络资源共享(共用用户平面)部署模式

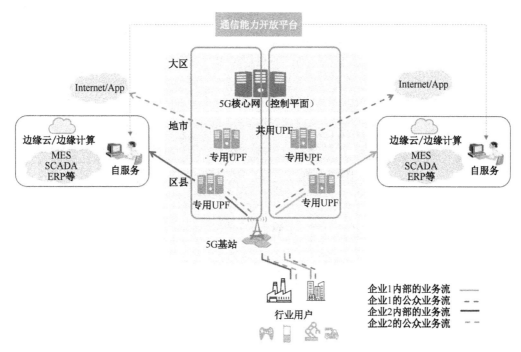

图 6.7 网络资源共享（专用用户平面）部署模式

网络资源共享部署模式的特点如下：

● 共用 5G 公网基站。

● 通过行业用户专用切片 ID、DNN 和 QoS 实现业务隔离及差异化服务。

● 集中部署核心网控制平面，可实现行业用户共用切片，也可为行业用户分配逻辑专用切片。

● 用户平面网元可共用或专用，专用用户平面网元可为虚拟专用用户平面网元（虚拟设备）或物理专用用户平面网元（物理设备）。

● 用户平面网元和边缘计算平台可以按需部署在地市或者下沉至区县及区县以下，通过 ULCL、Multi-homing 等方式实现业务分流，提供低时延保障。

第二种是专用物理核心网切片模式，适用于对行业业务性能指标和安全隔离均有较高要求的大型企业，其核心业务需要由专线及专用设备承载，如图 6.8 所示。

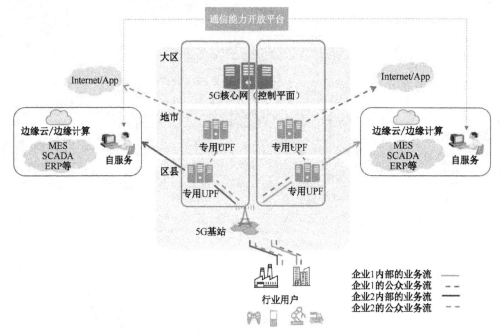

图 6.8　专用物理核心网切片部署模式

专用物理核心网切片部署模式的特点如下：

● 共用 5G 公网基站。

● 核心网网络资源物理专用，用户平面网元和边缘计算平台按需部署至区县及
  区县以下，提供更好的用户体验。

● 通过网络资源物理隔离、行业用户专用切片 ID、DNN 和 QoS 实现业务隔离
  及差异化服务。

● 通过 ULCL、Multi-homing 等方式实现业务就近分流。

# 6.6　5G 应用发展趋势与建议

## 6.6.1　5G 应用发展趋势

现阶段，5G 应用发展整体处于导入期。参考不同时代移动应用的发展，从正式商用到应用规模化一般需要 2～3 年的时间。从消费者市场看，以 3G 为例，我国从 2009 年开始商用，2010 年用户渗透率达 20%，2011 年用户渗透率达 30%，微信开始登场，2012 年初微信日活用户数量上亿，迎来了 3G 手机应用的全面爆发。以 4G 为例，我国从 2014 年开始商用，2015 年用户渗透率达 30%，2016 年用户渗透率达 60%，短视频业务开始进入用户视野，随着网络覆盖的逐步完善，用户渗透率进一步提升；2018 年短视频业务迎来了规模爆发，2018 年 3 月抖音用户数量达 7000 万，同年 6 月达 1.5 亿，4G 迎来了黄金发展期。从行业市场看，以 NB-IoT 为例，2017 年开始商用，经历 3 年多的导入期，2020 年 NB-IoT 终端连接数突破 1 亿，NB-IoT 开始进入规模发展阶段。5G 应用场景比 NB-IoT 更丰富，产业更加多元化，面临的挑战更复杂，爆发的时间更长，因此各行业应用需要更长的成长期。目前，我国 5G 应用已经实现从 0 到 1 的突破。但是，5G 应用完成从 1 到 $N$ 的飞跃还需要解决可复制性、规模化及产品化等诸多问题。因此，对 5G 广泛应用既要充满信心，又要保持耐心。

5G 应用将分三批先后落地商用。第一批是直播、监控、智能识别等类型的应用，如 5G 高清视频监控、VR 直播、基于机器视觉的 5G 质量检测、医疗领域的 5G 远程实时会诊、4K/8K 超高清直播、高清视频安防监控、移动执法等，其产业简单且基础较好，未来 1～2 年内将成为第一批成熟和快速复制推广的应用，有望最先实现商业化规模推广。第二批是基于云边协同的沉浸式体验等类型的应用，随着 5G SA 网络逐步成熟，云管边端的协同能力将进一步增强，基于云边协同的 AR 辅助装配、云化机器人、VR 模拟驾驶、超高清/VR 云游戏渲染、VR 沉浸式课堂等 5G 应用将迎来新一轮发展，有望在 2～3 年内成为第二批商用落地的 5G 应用。第三批是远程控制等类型的应用，低时延、高可靠的 5G 应用在未来将发挥更大作用，基于 5G-V2X 的无人物流运输、全路况自动行驶、机机远程控制等无人化场景中的应用有望在未来 3～5 年内成为第三批商用落地的 5G 应用。随着 5G 基站和室分部署的逐步完善，5G 能够为行业提供更加精准的定位能力，而泛在物联类应用将随着 NB-IoT 等移动物联网技术与 5G 的不断融合持续发展和演进。

通过近三年 5G 应用的探索，5G 应用技术架构也逐渐清晰，包括终端层、网络层、使能平台层和行业应用层，结合安全能力形成完整的 4＋1 端到端技术体系架构。终端层包含智能手机、机器人、无人机、摄像头、无人车、传感器等，以通用终端为主，实现面向应用的感知、反馈和操控等功能。网络层利用 5G 基站和核心网设备、边缘计算等网元完成数据传输和部分数据处理，并通过网络切片和下沉 UPF 等方式将共享的物理基础设施切割成多个虚拟网络，为不同业务提供独立运行、相互隔离的定制化专用网络服务，具有广覆盖、大容量、多连接、低时延等特点。使能平台层提供云计算、边缘计算、大数据、人工智能等通用的数据处理、挖掘、分析能力，满足各行业对定位、渲染、语音语义识别、图形识别等相对共性的需求。行业应用层基于终端层、网络层、使能平台层的能力，面向智慧化生活、产业数字化、数字化治理三个方向，搭建电力、交通、工业互联网、医疗、媒体等行业平台，完成 5G 与相关垂直行业的深度融合。此外，安全能力作为行业最为关注的能力，也需要从设备、网络、平台、应用等多维度提供全方位的保障。通过 5G 应用 4＋1 技术体系架构，可以形成完整的端到端 5G 融合应用解决方案。不过，目前各层之间仍在不断磨合，下一步需要不断进行适配、调整和完善，尤其是要形成满足各行业需求且可复制、可商用的网络层和使能平台层，这样才能真正满足行业个性化需求和对安全的要求。

5G 应用场景与行业相关度排序图如图 6.9 所示。

图 6.9 中序号意义如下：

① 云 AR/VR。

② 车联网。

③ 智能制造。

④ 智慧能源。

⑤ 无线医疗。

⑥ 无线家庭娱乐。

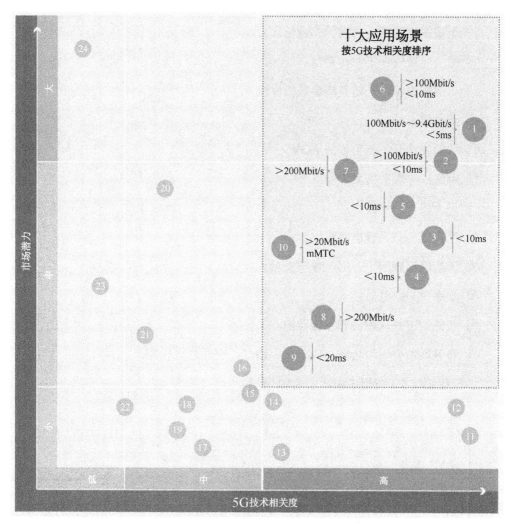

图 6.9　5G 应用场景与行业相关度排序图

⑦ 联网无人机。

⑧ 社交网络。

⑨ 个人 AI 辅助。

⑩ 智慧城市。

⑪ 全息投影。

⑫ 无线医疗联网——远程手术。

⑬ 无线医疗联网——救护车通信。

⑭ 智能制造——工业传感器。

⑮ 可穿戴设备——超高清穿戴摄像机。

⑯ 无人机。

⑰ 智能制造——基于云的 AGV。

⑱ 家庭——服务机器人。

⑲ 无人机——物流。

⑳ 无人机——飞行出租车。

㉑ 无线医疗联网——医院看护机器人。

㉒ 家庭——家庭监控。

㉓ 智能制造——物流和库存监控。

㉔ 智慧城市——垃圾桶、停车位、路灯、交通灯、仪表。

各行业领域 5G 应用进程如图 6.10 所示。

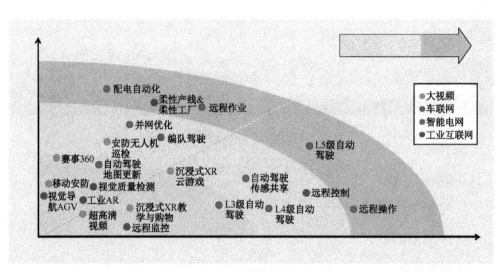

图 6.10　各行业领域 5G 应用进程

各应用场景对 5G 网络部署的要求如图 6.11 所示。

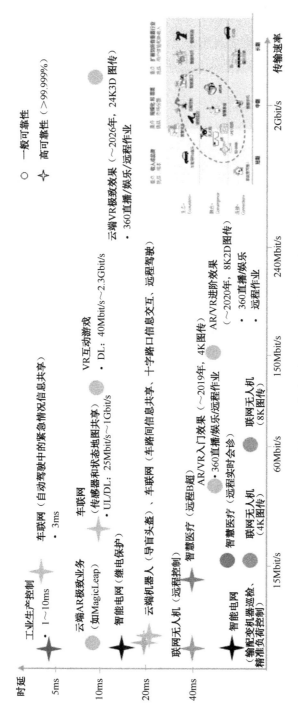

图 6.11 各应用场景对 5G 网络部署的要求

5G 应用产业链生态复杂，各企业都立足自身优势，从不同领域切入 5G 融合应用的市场，出现了一些不同形态的商业模式。据调研显示，按照综合方案的主导方可分为以下三种商业模式。

一是运营商主导模式。运营商作为网络提供商，提供等级差异化服务，通过订购或捆绑销售方式，实现网络价值变现，包括基础网络服务、切片服务、边缘计算服务、虚拟专网服务等。运营商综合实力较强，可以充分利用现有网络资源的优势，使用授权频谱建设 5G 网络，给行业提供良好的网络保障。但运营商对行业理解有限，行业话语权较弱，缺少提供综合解决方案的能力，且运营商精力有限，不可能覆盖所有的垂直行业应用。目前，中国电信、中国移动、中国联通三大运营商正积极与各行各业合作建设 5G 虚拟专网，推出 5G 虚拟专网解决方案及发展路径。浙江移动在其 5G 商城中，根据行业用户的网络需求不同，提供可针对时延、上下行速率、连接数指标进行定制化的 5G 网络服务，让行业用户能够更灵活地购买网络服务。目前，该模式仍处于探索阶段，具备商业模式雏形。

二是行业服务商主导模式。行业服务商作为专业化解决方案的主导者，从运营商处租用网络服务，通过自研、集成等方式，形成行业项目解决方案，并直接向行业用户进行销售，实现综合价值变现。行业服务商具有与行业用户长期合作的优势及行业应用开发经验，能够提供定制化终端、行业通用平台方案等服务，提供的解决方案非常契合行业用户需求。但行业服务商一般专注于某个具体行业，企业规模不大，牵头能力和影响力有限。例如，上海振华重工作为港口机械制造商，牵头联合运营商、设备商及上海港务集团在上海洋山深水港实现了 5G 智慧港口解决方案，随后在宁波港等其他港口进行了推广和复制。

三是行业用户主导模式。行业用户通过组建自己的研发和运营团队，参与行业基础设施建设和运行维护，形成较为成熟的全套解决方案，该方案先在企业内部进行推广和复制，然后逐步扩展到相关行业市场，实现价值变现。行业用户既是服务的需求方，也是服务的供给方，拥有对行业需求的充分认识及丰富的行业方案应用经验，供给和需求可以达到完美的匹配。在这种模式中，企业一般是行业内龙头企业，以平台能力作为价值核心，以 5G 作为核心要素之一，形成整套解决方案，在行业内规模推广。例如，海尔集团利用自身资源建设了基于 5G＋MEC 的边缘计算应用云平台。作为平台运营方，海尔集团提供包括 MEC、工业应用等服务的整套解决方案给行业用户，运营商在解决方案中只提供网络覆盖服务。

总的来说，现阶段并没有形成固定的合作模式，当前 5G 行业应用的商业模式主要由运营商主导，而且缺乏既懂 5G 又懂行业的解决方案提供商。随着各环节的产业定位和合作模式的不断变化，5G 行业应用的商业模式也将不断演化。未来，运营商、行业服务商、行业用户都可能孵化、演变出新型的 5G 行业应用解决方案提供商，使产业生态更加丰富、商业模式更加清晰。

## 6.6.2　5G 应用发展建议

### 1. 网络建设适度超前，尊重应用成熟客观规律

一是积极推动重点地级市做好 5G 网络覆盖。适度超前的 5G 网络建设是应用发展的基础，加强面向重点场景、重点行业的 5G 商用网络建设，提升 5G 网络侧供给能力。二是推动各地创建 5G 新基建示范城市，推动 5G 网络基础设施与其他新型基础设施协同发展，加强 5G 等新基建顶层设计。三是支持工业、矿山、港口、能源等重点领域的 5G 虚拟专网建设，探索行业 5G 虚拟专网模式创新。四是尊重 5G 技术产品成熟的客观规律，5G 应用发展不可能一蹴而就，需要各方积极探索新的应用场景，在实践中不断完善 5G 技术与应用，扩大 5G 应用规模。

### 2. 加强技术产业支撑，聚焦重点应用落地推广

一是明确 5G 应用发展路径，聚焦各行业通用型终端和能力，推动与各行业的深

度融合。二是鼓励垂直行业应用方、行业科研机构牵头主导 5G 行业应用标准化的立项，运营商、设备商积极参与，加强产业协同。三是在地方打造各领域 5G 融合应用示范先导区，开展 5G 应用评测，评选优秀案例，推动各行业领域探索形成可复制、可推广的应用模式，加快重点行业应用落地。四是加快 5G 模组开发验证和商业落地，实现规模化生产，降低成本。目前，市场上只有数款 5G 模组，且价格普遍超过 1000 元，为 4G 模组价格 3 倍以上，拉高了 5G 使用成本。下一步需要引导芯片、模组厂商聚焦通用型终端，开发相应的 5G 模组并形成产业规模，开发低成本芯片、模组，以规模带动价格下降，满足各行业需求。

### 3. 强化产业合作共赢，打造 5G 应用大生态

一是发挥各行业领域龙头企业带头作用，深挖行业共性需求，带动形成可规模复制的 5G 端到端应用技术解决方案。二是发挥 5G 应用产业方阵等行业组织作用，鼓励成立 5G 应用技术创新中心和开放实验室，为各类应用提供技术、测试、解决方案、验证等环境和能力，推动联盟和行业协会开展广泛的行业协作和对接，培育一批 5G 融合应用解决方案提供商。三是通过建立对接合作平台等方式，鼓励产业链上下游开展全方位合作，促进供需对接，增强资源汇聚能力，加速产业转型升级。

### 4. 加强政策协调支持，营造开放包容环境

一是推进各行业制定 5G 融合发展的政策，明确 5G 融合应用发展重点任务和实施路径，加强国家、部委、省市协同联动，协调各行业形成配合，推动政策、技术、标准、监管等方面的充分对接，破除融合应用发展行业壁垒。二是针对影响融合应用发展的具体问题提出切实可行的解决方案，在知识产权保护、人才队伍建设等方面不断加大对融合应用发展的保障力度。三是加强 5G 融合应用的重要

数据和个人信息保护，明确各方安全责任主体清单与边界，加快建立和完善 5G 行业应用安全相关制度和政策，提升安全风险防范能力，推动建立通信行业与各行业安全认证对接机制。

# 第 7 章

# 5G 网络安全

## 7.1 引言

5G 网络不仅用于人与人之间的通信，还用于人与物及物与物之间的通信。目前，5G 业务大致可以分为三种场景：eMBB、mMTC 和 uRLLC。5G 网络需要针对这三种业务场景的不同安全需求提供差异化安全保护机制。

eMBB 聚焦对带宽有极高要求的业务，如高清视频、VR/AR 等，能满足人们对于数字化生活的需求。eMBB 广泛的应用场景将带来不同的安全需求。例如，VR/AR 等个人业务可能只要求对关键信息的传输进行加密，而行业应用可能要求对所有环境信息的传输进行加密。5G 网络可以通过扩展 LTE 安全机制来满足 eMBB 场景的安全需求。

mMTC 覆盖对连接密度要求较高的场景，如智慧城市、智能农业等，能满足人们对于数字化社会的需求。mMTC 场景中存在多种多样的物联网设备，如处于恶劣环境之中的物联网设备，以及技术能力低且电池寿命长（如超过 10 年）的物联网设备等。面对物联网繁杂的应用和成百上千亿的连接，5G 网络需要考虑其安全需求的多样性。

如果采用单用户认证方案则成本高昂，而且容易造成信令风暴问题，因此在 5G 网络中，需要降低物联网设备在认证和身份管理方面的成本，支撑物联网设备的低成本和高效率海量部署（如采用群组认证等）。针对技术能力低且电池寿命长的物联网设备，5G 网络应通过一些安全保护措施（如轻量级的安全算法、简单高效的安全协议等）来保证能源高效性。

uRLLC 聚焦对时延极其敏感的业务，如自动驾驶/辅助驾驶、远程控制等，能满足人们对于数字化工业的需求。低时延和高可靠性是 uRLLC 业务的基本要求，如车联网业务在通信中受到安全威胁可能会危及人身安全，因此要求采取高级别的安全保护措施且不能额外增加通信时延。

5G 超低时延的实现需要在端到端传输的各个环节进行一系列机制优化。从安全角度来看，降低时延需要优化业务接入过程中身份认证的时延、数据传输安全保护带来的时延，终端移动过程中安全上下文切换带来的时延，以及数据在网络节点中进行加解密处理带来的时延。

因此，面对多种应用场景和业务需求，5G 网络需要一个统一的、灵活的、可伸缩的安全架构来满足不同应用不同级别的安全需求，即 5G 网络需要一个统一的认证框架，用以支持多种应用场景的网络接入认证（支持终端设备的认证、支持签约用户的认证、支持多种接入方式的认证、支持多种认证机制等）；同时，5G 网络应支持伸缩性需求，如网络横向扩展时需要及时启动安全功能实例来满足增加的安全需求，网络收敛时需要及时终止部分安全功能实例来达到节能的目的。

另外，5G 网络应支持用户平面数据保护，如根据业务类型的不同，或者根据具体业务的安全需求，部署相应的安全保护机制。

本章主要介绍 5G 网络安全的相关内容。

# 7.2 5G 网络安全概述

## 7.2.1 5G 网络安全面临的新挑战

为提高系统的灵活性和效率，5G 网络引入了新技术，如网络切片、边缘计算等。新技术的引入给 5G 网络安全带来了新挑战，具体如下。

### 1. 软件定义网络和网络功能虚拟化

软件定义网络和网络功能虚拟化将使传统网络体系结构发生重大改变。由于网络功能无须建立在专用的硬件上，功能差异将主要体现在软件上。从安全的角度来看，漏洞的更新和修补将变得简便。但软件依赖度的提高及频繁更新的需求将大大提升第三方供应商和补丁管理程序的地位。

软件定义网络和网络功能虚拟化给网络安全带来了突出挑战，具体表现在以下几方面。

一是虚拟化服务化架构模糊了传统网络边界，给虚拟化软件及虚拟机间的通信安全带来风险。

二是集中的控制点容易成为网络攻击的"重灾区"。

三是分层解耦、多厂商集成会导致安全问题快速定位和溯源困难。

四是开源软件的脆弱性及安全漏洞给自动化安全评估和修复带来挑战，新型网络架构也对安全运维人员的经验、技能提出了新的挑战。

### 2. 边缘计算

边缘计算节点可根据应用服务的需求部署于移动网络的边缘，既能提供超低时延，也能降低高带宽业务的数据流对核心网的压力。但是，边缘计算在带来便利的同时也带来了安全风险和挑战。

一是 MEC 基础设施通常部署在网络边缘，客观上缩短了攻击者与 MEC 基础设施之间的距离，使攻击者更容易接触到 MEC 基础设施，被攻击后可能会造成物理设备毁坏、服务中断、用户隐私和数据泄露等严重后果。

二是由于性能、成本、部署灵活性要求等多种因素的制约，MEC 节点的安全能力不够完善，可抵御的攻击种类和抵御单个攻击的强度不够，容易被攻击，使 5G 网络面临风险。

三是 MEC 服务不仅可由网络运营商提供，也可由第三方服务商提供，如果没有调用认证与鉴权接口，则会面临恶意第三方接入网络提供非法服务的风险。

### 3. 网络切片

网络切片为不同业务提供差异化安全服务的同时，也面临一定的安全风险：不同的网络切片承载不同的 5G 业务，但网络切片共享网络基础设施，这就对网络切片的安全隔离能力提出了挑战。若网络切片的认证和授权能力不足，则可能造成敏感信息和隐私信息泄露，并且被攻击者所利用。另外，在 5G 新业务场景下，运营商可能会以网络切片的形式向第三方企业、用户提供网络服务，这就涉及不同层和不同域的安全责任主体划分问题。

### 4. 网络能力开放

5G 网络基于网络能力开放技术，与垂直行业深度融合，使垂直行业可以充分利用网络能力灵活开发新业务，但这也带来了新的风险和挑战：5G 网络能力开放架构可能面临网络能力的非授权访问和使用、数据泄露、用户和网络敏感信息泄露等安全风险，攻击者还可能利用 5G 网络能力开放架构提供的应用程序编程接口对网络进行拒绝服务攻击。

随着跨行业应用的发展，需要开放共享相应的用户个人信息、网络数据和业务数据，这些信息和数据从运营商内部的封闭平台开放共享到垂直行业企业的开放平台，运营商对数据的控制力减弱，数据泄露的风险增大。另外，跨行业数据共享过程中一旦发生用户数据泄露等安全事件，就会出现主体间责任划分不清的问题。

## 7.2.2 5G 网络安全架构

5G 网络安全架构应以 5G 通信网为基础，针对 5G 网络的整体特征进行安全防护设计。应遵循通信网分域、分面的协议设计原则，将安全特征嵌入其中，这样可以高效调用安全功能。这些安全功能在运营商网络中可以单独部署、配置或定制。同时，应进行安全边界防护设计，并将防护措施部署在靠近潜在攻击点的位置，以提高反应速度、缩小影响范围。

安全架构应深度融合网络切片、服务化架构等 5G 新特性，切实保障 5G 应用的安全实现。安全架构包含无线网、MEC、核心网、承载网、外部网络等多个方面，涉及用户媒体平面、业务控制平面和管理平面等多个维度，实现纵向和横向的综合防护。

安全能力以组件的形式存在，根据不同的业务场景和用户对安全的期望，结合虚拟化和服务化，实现安全能力的动态部署、自动伸缩、自主编排等特性。5G 网络安全架构如图 7.1 所示。

按照 5G 网络架构、网络功能及部署方式，将整个网络划分为 RAN、MEC、传输、5G 核心网、切片等安全域，其中切片是跨多个域的复合域，在每个安全域下可以根据网元功能特性和安全级别继续细分安全子域。每个安全域包含基础设施层、服务层和管理层的安全设计。

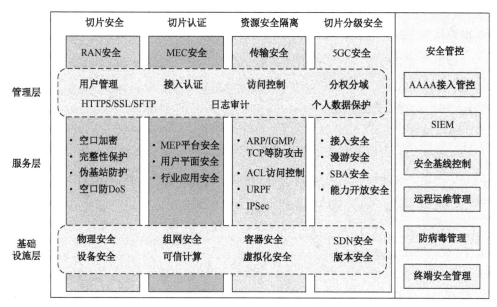

图 7.1　5G 网络安全架构

# 7.3 5G 核心网安全

## 7.3.1 5G 核心网安全威胁分析

5G 核心网基于云化架构,通过虚拟化技术实现软件与硬件的解耦,通过 NFV 技术将虚拟功能网元部署在云化的基础设施上,不再使用专有通信硬件平台,传统的安全边界变得模糊。

下面对 5G 核心网的安全威胁进行分析。

### 1. 基础设施层安全威胁

基础设施层安全威胁包含传统安全威胁和虚拟化安全威胁。传统安全威胁包含对物理设施的破坏和盗窃、对物理环境的非法访问、自然灾害的影响、黑客或犯罪组织对网络边界的各种攻击等。

虚拟化安全威胁包含针对开源软件、操作系统、云平台的漏洞攻击,病毒和木马攻击,虚拟资源的滥用,云平台内部的横向攻击,虚拟机及镜像破坏等。

### 2. 网元功能层安全威胁

网元功能层安全威胁包含非法用户接入网络、对身份认证接口发起 DDoS 攻击、对网元间接口的非法访问、对网元间通信数据的监听和篡改、针对漫游用户的流量欺诈、对网元版本和配置数据的恶意篡改等。

### 3. 管理层安全威胁

管理层安全威胁包含非法用户访问、内部人员的恶意操作、权限滥用攻击、个人数据隐私暴露、API 非法访问、远程访问信息被窃听、针对 MANO 实体的南北向接口攻击等。

## 7.3.2 5G 核心网安全架构

5G 核心网安全架构包括以下几方面。

(1)接入安全:关注接入时的认证、用户数据的加密和完整性保护、访问控制,以及反欺诈防护等。

(2)网络安全:关注核心网内部的安全域划分及网络平面隔离。

(3)管理安全:关注用户管理、日志管理等内容。

(4)能力开放安全:关注能力调用和开放接口的安全防护。

(5)数据安全:关注端到端的个人隐私和关键数据的泄露风险防护。

### 1. 接入安全

在 5G 核心网中,可以采取以下手段实现用户接入和业务接入时的安全防护。

（1）接入认证：保证用户合法接入，采用双向认证来保证用户和网络之间的相互可信。基于统一认证框架，可以实现以下功能。

- 双向认证：基于统一认证架构提供用户和网络之间的双向认证。
- Non-3GPP 访问：Non-3GPP 使用和 3GPP 相同的认证方式，统一接入流程。
- 多种认证方法：支持 EPS-AKA、5G-AKA、EAP-AKA 等多种认证方法。
- NAS 和 AS 层防护：信令平面提供空口 NAS 和 AS 层信令的加密和完整性保护，用户平面按需提供空口或 UE 与核心网之间的数据加密和完整性保护。
- 标准密钥派生方法：基于 3GPP 安全规范，实现标准化的层次化密钥生成与派生机制。

（2）访问控制：防止接入用户非授权访问网络切片。

（3）数据加密：实现空口、UE 和核心网之间数据加密，防止数据被嗅探窃取。支持主流的加密算法，如 AES、Snow 3G、ZUC 等。

（4）数据完整性保护：实现空口、UE 和核心网之间数据完整性保护，防止数据被篡改。支持主流的数据完整性保护算法，如 AES、Snow 3G、ZUC 等。

（5）UE 应用防护：UE 可以按需建立 IPSec、SSL、VPN 等安全隧道，保证数据传输安全。

### 2．网络安全

根据运营需求和网元功能，对网元安全进行分级，为不同的安全等级设置不同的安全域，每个功能网元或管理网元仅能归属于其中一个安全域。安全域划分见表 7.1。

表 7.1 安全域划分

| 安全域名称 | 包含的网元 |
| --- | --- |
| 暴露业务区 | UPF、N3IWF-U、NEF |
| 非暴露业务区 | AMF、SMF、AUSF、PCF、N3IWF-C、NRF、CAF 等 |
| 安全业务区 | UDM、CMF |
| 管理业务区 | VNFM、Orchestrator、VIM、EMS |

（1）网络资源分配：为每个安全域分配专用的基础网络资源池，不同安全域不能共享资源池。

（2）域间和域内安全策略：跨域数据传输必须受安全策略控制，如在域间配置防火墙、VPN、IPS 等安全资源；域内数据传输可根据需要配置安全策略，如在 VNF 之间配置防火墙、增加相互认证机制等。

### 3. 管理安全

系统安装时会自动生成一个超级用户，它具有最高权限。超级用户可以创建其他用户或角色，为其他用户或角色分配权限。其他用户也可以创建用户并分配权限，但被创建用户的权限不会超过创建者的权限。

角色是一些操作权限的集合，一个角色可以分配给多个用户，系统会根据用户角色对用户进行鉴权。角色也可以被锁定，角色被锁定后，具有该角色的用户将失去该角色的权限。

用户账号管理规则如下。

● 口令策略：支持弱口令检查，如最小长度、至少包括三种不同字符等。

● 密码修改：首次登录时强制修改密码，在密码有效期满之前提醒修改密码，新密码不能与之前 $N$ 次密码相同（$N$ 为可配参数）。

● 账号锁定：包括从不锁定、永久锁定、临时锁定、$N$ 次密码输入错误后锁定（$N$ 为可配参数）。

● 账号检查：账号不能与 $N$ 天前删除的账号相同，在 $N$ 天前通知账号过期。

● 管理登录用户：查看登录用户信息，包括用户登录 IP 地址、登录时间及连接类型。

● 强行断开用户：当超级用户发现某些用户试图进行非法操作时，会强行断开这些用户。

- 会话保护：同一个账号同时登录的会话数可配。登录账号长时间不活动会被强制退出。

同时，系统提供日志管理，供稽查使用。日志有以下三类。

- 操作日志：记录用户操作信息，包括用户名、操作级别、操作名称、命令功能、操作目标、NE 群组、NE 地址、开始时间、结果、失败原因、主机地址及接入模式。

- 安全日志：记录用户登入登出信息，包括用户名、主机地址、日志名称、操作时间、接入模式及详细信息。

- 系统日志：记录服务器定时任务的完成状态，包括来源、级别、日志名称、详细信息、主机地址、开始时间、结束时间及相关日志。

### 4. 能力开放安全

对外提供的开放接口应使用安全的协议规范。

开放接口分为北向接口和南向接口，涉及的协议分别见表 7.2 和表 7.3。

表 7.2　北向接口及协议

| 名　　称 | 接　　口 | 协　　议 |
| --- | --- | --- |
| FM NBI | SNMP V2c/V3 | SNMP |
| PM NBI | (S)FTP | (S)FTP |
| CM NBI | (S)FTP | (S)FTP |

表 7.3　南向接口及协议

| 名　　称 | 接　　口 | 协　　议 |
| --- | --- | --- |
| API of loading FM/PM models | REST/FTP | HTTP(S)/FTP |
| API of VNF access to EMS | REST | HTTP(S) |
| API of alarm restore/notifica- tion reporting to EMS | SNMP V2c/V3 | SNMP |
| API of MML | REST | — |
| API of alarm synchronization | REST | HTTP(S) |
| API of creating/querying/de- leting alarm masking rules | REST | HTTP(S) |

| 名　称 | 接　口 | 协　议 |
|---|---|---|
| API of clearing alarm | REST | HTTP(S) |
| API of collecting PM data | (S)FTP | (S)FTP |
| API of creating/deleting/modi- fying PM tasks | REST | HTTP(S) |
| API of PM task synchronization | REST | HTTP(S) |
| API of security | REST | HTTP(S) |
| API of backup/restore | REST | HTTP(S) |
| API of log | REST | HTTP(S) |
| API of signal trace | MML/FTP | MML/FTP |

### 5. 数据安全

5G 网络中的用户隐私信息可以在多种网络、服务、应用及网络设备中存储或使用，因此 5G 网络必须支持安全、灵活、按需的隐私保护机制。数据泄露可能发生在从终端到业务网络的任何一个环节。

● 数据收集：可能造成信息泄露。

● 数据传输：信令、数据在传输过程中可能会泄露。

● 数据处理、存储、维护：在数据处理、存储、维护过程中可能发生信息泄露。

● 数据共享和应用：攻击者可能会利用公用网络攻击业务系统，获取用户信息。

采用以下技术和管理手段对关键数据进行保护。

● 数据最小化：严格定义每个网元处理业务所需的信息，按照定义对信息获取进行严格限制。

● 用户许可：因业务需要获取最小化数据之外的信息（如路测、体验改进），须告知数据用途、风险和获取用户许可。

● 匿名化：关键隐私数据在网络传输中要进行匿名处理，需要公开、二次利用（大数据分析）的数据要进行匿名替代。

● 加密传输：对数据进行加密传输和完整性校验，防止数据被窃听、篡改。

● 加密存储：对关键敏感数据进行加密存储。

● 访问控制：严格定义数据访问权限，防止非法访问、越权访问。

### 7.3.3 4A 管控平台

运营网络中有大量的 IT 资产，如主机、网络设备、安全设备、数据库、云平台、IT 业务系统等，设备规模庞大且种类繁多，运维操作也复杂，随着运维人员数量的增加，权限管理任务会越来越重。同时，运维人员经常需要在各个系统之间切换，每次访问资源时还需要完成详细的操作审计过程，以便事后进行责任追溯。为了应对这种局面，通常会在网络中部署统一的 4A 管控平台。

4A 管控平台的功能主要有以下几项。

● 集中的账号管理：对所有账号进行全生命周期身份管理，提供完整、统一且权威的身份数据源，实现所有主账号、从账号的自动代维。

● 集中认证：对运营商内部人员、第三方运维人员、设备厂商维护人员等提供统一的身份认证和单点登录服务，具体内容包括主账号的认证服务、应用资源和系统资源的从账号单点登录认证服务。

● 细粒度授权：提供实体及细粒度的权限控制，对高危命令、敏感数据进行操作管控和临时授权。

● 安全审计：对各类资源的配置、操作等进行详细记录，为监测和处理安全事件提供有效的工具。

目前的方案是在各管理域部署 4A 安全管控前置机。前置机作为 4A 管控平台的执行代理，与后台的 4A 中心交互，提供对资源访问的统一安全认证服务，实现资源的认证集中控制，保障资源的访问安全性，对所有操作进行记录并上报到 4A 中心，提供集中的安全审计。

# 第 8 章

## 对未来的展望

2021 年 1 月 11 日，世界经济论坛（WEF）发布了 5G 展望系列报告的最后一篇——《5G 展望：创造广泛的长期机遇》，在总结系列报告的基础上概述了 5G 作为重要使能技术造福人类、企业和社会的长期发展机遇。根据后疫情时代 5G 的部署势头，报告预测 5G 将从 2025 开始对经济产生规模性影响。

5G 实现了大量设备的移动互联，为数字化提供了核心机遇，涉及移动服务、现场作业和社区生活三方面。在移动服务方面，5G 促进且便利了资产和人类移动；在现场作业方面，5G 增强了工厂、办公室和其他工业活动场所的连通性，帮助改变了工业过程和工作方式；在社区生活方面，5G 改变了人们的生活、工作和娱乐方式。

在实施和治理方面，为实现移动服务的大规模应用，需要促进 5G 的广泛部署，改善设备部署、接入和连接的可负担性，应对能源和安全风险。可负担的设备将促进通信运营商及相关企业寻找新的商业模式，以适应大规模移动服务；全球数十亿台设备的生产和连接将增加对能源的需求，从而带来新的环境问题；随着对连接设备依赖性的增加，数据隐私和数据安全的风险也将增大。

  总之，随着 5G 网络的大规模应用，人们朝着真正实现万物互联的愿景迈出了坚实的一步。5G 网络终将以人为本，以业务为中心，顺应时代趋势，带来各行各业的大融合和大创新。

# 缩略语

5GC：5G Core Network，5G 核心网

AMF：Access and Mobility Management Function，接入和移动管理功能

APN：Access Point Name，接入点名称

AUSF：Authentication Server Function，鉴权服务器功能

BE：Back End，后端/后台

BGP：Border Gateway Protocol，边界网关协议

BOSS：Business and Operation Support System，运营和运维支撑系统

BSC：Base Station Controller，基站控制器

BSF：Binding Support Function，绑定支持功能

CC：Control Center，控制中心

CDB：Cloud Database，云数据库

CDN：CDB Data Node，CDB 数据节点

CDU：Cloud Database Unit，云数据库单元

CG：Charging Gateway，计费网关

CN：Core Network，核心网

CP：Control Plane，控制平面

CPU：Central Processing Unit，中央处理器

CRM：Customer Relationship Management，客户关系管理

CS：Circuit Switched，电路交换

CSFB：Circuit Switched Fallback，电路域回落

DAP：Data Access Protocol，数据存取协议

DNN：Data Network Name，数据网络名称

DNS：Domain Name Server，域名服务器

DSA：Directory System Agent，目录系统代理

DST：Data Storage Transfer，数据转储

DVS：Distributed Virtual Switch，分布式虚拟交换机

EBI：EPS Bearer ID，EPS 承载标识

EM：Element Management，网元管理

EMS：Element Management System，网元管理系统

eNB：Evolved Node B，演进型基站

FE：Front End，前端/前台

FTP：File Transfer Protocol，文件传输协议

GGSN：Gateway GPRS Support Node，GPRS 网关支持节点

gNB：Next Generation Node B，下一代基站

GPSI：Generic Public Subscription Identifier，一般公共用户标识

GSU：General Service Unit，通用业务单元

HSS：Home Subscriber Server，归属用户服务器

HTTP：Hypertext Transfer Protocol，超文本传输协议

IDSA：Identity DSA，用户标识的 DSA

IMS：IP Multimedia Subsystem，IP 多媒体子系统

IMSI：International Mobile Subscriber Identity，国际移动用户标识

IP：Internet Protocol，因特网协议

IPL：Independent Packet Loss，独立丢包

IPM：Interface Processing Module，接口处理模块

IPS：Intelligent Protection Switching，智能保护切换

ISP：Internet Service Provider，因特网业务提供者

KPI：Key Performance Index，关键性能指标

LACP：Link Aggregation Control Protocol，链路聚合控制协议

M3UA：MTP3-User Adaptation Layer Protocol，MTP 第三层的用户适配层协议

MEC：Mobile Edge Computing，移动边缘计算

MME：Mobility Management Entity，移动管理实体

MPU：Main Processing Unit，主处理单元

MSCS：Mobile Switching Center Server，移动交换中心服务器

NF：Network Function，网络功能

NFVO：Network Functions Virtualization Orchestrator，网络功能虚拟化编排器

NRF：NF Repository Function，网络注册功能

NSSF：Network Slice Selection Function，网络切片选择功能

OAM：Operation，Administration and Maintenance，操作管理维护

OMM：Operation & Maintenance Module，操作维护模块

OMU：Operation & Management Unit，操作管理单元

PCF：Policy Control Function，策略控制功能

PDN：Packet Data Network，分组数据网

PDP：Packet Data Protocol，分组数据协议

PDR：Packet Detection Rule，报文检测规则

PDS：Primary Directory Server，主用目录服务器

PDU：Packet Data Unit，分组数据单元

PFCP：Packet Forwarding Control Protocol，报文转发控制协议

PFU：Packet Forwarding Unit，网络处理单元

PGW：PDN　Gateway，分组数据网网关

PLMN：Public Land Mobile Network，公共陆地移动网

PS：Packet Switched，分组交换

RAC：Routing Area Code，路由区域码

RAN：Radio Access Network，无线接入网

RM：Resource Management，资源管理

RNC：Radio Network Controller，无线网络控制器

S-NSSAI：Single Network Slice Selection Assistance Information，单个网络切片选择辅助信息

SBC：Session Border Controller，会话边界控制器

SC：Service Component，服务组件

SCTP：Stream Control Transmission Protocol，流控制传输协议

SDN：Software Defined Network，软件定义网络

SFTP：Secure File Transfer Protocol，安全文件传输协议

SGW：Serving Gateway，服务网关

SM：Service Model，业务模型

SMF：Session Management Function，会话管理功能

SR-IOV：Single-Root I/O Virtualization，单根 I/O 虚拟化

SSH：Secure Shell，安全外壳

STP：Signaling Transfer Point，信令转接点

STU：Signaling Transmission Unit，信令传输单元

SUPI：Subscription Permanent Identifier，用户永久标识

TAC：Tracking Area Code，跟踪区域码

TAI：Tracking Area Identity，跟踪区标识

TCP：Transmission Control Protocol，传输控制协议

TPS：Transactions Per Second，每秒处理事务数

UDM：Unified Data Management，统一数据管理

UDR：Unified Data Repository，统一数据存储库

UM：Unacknowledged Mode，非确认模式

UPF：User Plane Function，用户平面功能

URR：Usage Reporting Rule，用量上报规则

US：Uncorrelated Scattering，非相关散射

VLR：Visitor Location Register，拜访位置寄存器

VM：Virtual Machine，虚拟机

VNF：Virtualized Network Function，虚拟化网络功能

VRF：Virtual Route Forwarding Table，虚拟路由转发表

VRU：Virtual Running Unit，虚拟运行单元

# 参 考 文 献

[1]  3GPP TS 23．501．5G 系统架构．

[2]  3GPP TS 33．501．5G 系统安全架构和流程．

[3]  3GPP TS 33．401．3GPP 系统架构演进和安全架构．

[4]  3GPP TS 33．310．网络域安全性和认证框架．

[5]  吴成林，等．5G 核心网规划与应用[M]．北京：人民邮电出版社，2020．

[6]  斯凡特·罗默，等．5G 核心网赋能数字化时代[M]．北京：机械工业出版社，2020．

[7]  刘毅，等．深入浅出 5G 移动通信[M]．北京：机械工业出版社，2020．

[8]  亚信科技．5G 时代的网络智能化运维详解[M]．北京：清华大学出版社，2021．

[9]  李子姝，等．移动边缘计算综述[J]．电信科学，2018（1）．

[10] 运营商边缘网络白皮书．边缘计算产业联盟（ECC）与网络 5.0 产业和技术创新
     联盟（N5A），2019

[11] 中国 5G 经济报告 2020．信息通信研究院，2019．

[12] 李正茂．5G＋5G 如何改变社会[M]．北京：中信出版社，2019．

[13] 5G 行业虚拟专网网络架构．5G 应用产业方阵，2020．

[14] 孙松林．5G 时代经济增长新引擎．北京：中信出版社，2019．

# 致　　谢

在此谨代表本人向为本书做出贡献的每一个人表示由衷的感谢！

本书发端于 2020 年春新型冠状病毒肺炎肆虐之时，3 个月的闭关使我有机会静下心来读书，并思考自己工作的意义。一次 5G 网络读书会使我产生了写一本 5G 方面的专著的冲动，在电子工业出版社刘志红编辑的鼓励下，我把这种冲动转化为行动，并为此度过了无数个不眠之夜。本书动笔于 2021 年春节，成书于 2021 年仲夏，在编写过程中遇到不少困难，幸亏有各方有识之士的帮助与鼓励，我才能完成人生第一部专著的编写，我相信这是一个起点，会指引我写出更多更有意义的书。

最后，非常感谢我的家人对我的支持和理解，他们给予我莫大的鼓励，也是激励我完成本书的最大动力。

饶　亮

2021 年夏于武汉

# 读者调查表

尊敬的读者：

　　自电子工业出版社工业技术分社开展读者调查活动以来，收到来自全国各地众多读者的积极反馈，他们除了褒奖我们所出版图书的优点外，也很客观地指出需要改进的地方。读者对我们工作的支持与关爱，将促进我们为您提供更优秀的图书。您可以填写下表寄给我们（北京市丰台区金家村288#华信大厦电子工业出版社工业技术分社　邮编：100036），也可以给我们电话，反馈您的建议。我们将从中评出热心读者若干名，赠送我们出版的图书。谢谢您对我们工作的支持！

姓名：＿＿＿＿＿＿　性别：□男　□女　年龄：＿＿＿＿＿　职业：＿＿＿＿＿＿

电话（手机）：＿＿＿＿＿＿＿　E-mail：＿＿＿＿＿＿＿＿＿＿＿＿＿＿

传真：＿＿＿＿＿＿　通信地址：＿＿＿＿＿＿＿＿＿＿　邮编：＿＿＿＿＿＿

1．影响您购买同类图书因素（可多选）：

□封面封底　　　□价格　　　　□内容提要、前言和目录　　□书评广告　□出版社名声

□作者名声　　　□正文内容　　□其他＿＿＿＿＿＿＿＿＿＿＿＿＿

2．您对本图书的满意度：

| | | | | | |
|---|---|---|---|---|---|
| 从技术角度 | □很满意 | □比较满意 | □一般 | □较不满意 | □不满意 |
| 从文字角度 | □很满意 | □比较满意 | □一般 | □较不满意 | □不满意 |
| 从排版、封面设计角度 | □很满意 | □比较满意 | □一般 | □较不满意 | □不满意 |

3．您选购了我们哪些图书？主要用途？＿＿＿＿＿＿＿＿＿＿＿＿＿＿＿

4．您最喜欢我们出版的哪本图书？请说明理由。

＿＿＿＿＿＿＿＿＿＿＿＿＿＿＿＿＿＿＿＿＿＿＿＿＿＿＿＿＿＿＿＿

5．目前教学您使用的是哪本教材？（请说明书名、作者、出版年、定价、出版社），有何优缺点？

＿＿＿＿＿＿＿＿＿＿＿＿＿＿＿＿＿＿＿＿＿＿＿＿＿＿＿＿＿＿＿＿

6．您的相关专业领域中所涉及的新专业、新技术包括：

＿＿＿＿＿＿＿＿＿＿＿＿＿＿＿＿＿＿＿＿＿＿＿＿＿＿＿＿＿＿＿＿

7．您感兴趣或希望增加的图书选题有：

＿＿＿＿＿＿＿＿＿＿＿＿＿＿＿＿＿＿＿＿＿＿＿＿＿＿＿＿＿＿＿＿

8．您所教课程主要参考书？请说明书名、作者、出版年、定价、出版社。

＿＿＿＿＿＿＿＿＿＿＿＿＿＿＿＿＿＿＿＿＿＿＿＿＿＿＿＿＿＿＿＿

邮寄地址：北京市丰台区金家村288#华信大厦电子工业出版社工业技术分社

邮编：100036　电话：18614084788　E-mail：lzhmails@phei.com.cn

微信 ID：lzhairs/ 18614084788　联系人：刘志红

# 电子工业出版社编著书籍推荐表

| 姓名 | | 性别 | | 出生年月 | | 职称/职务 | |
|---|---|---|---|---|---|---|---|
| 单位 | | | | | | | |
| 专业 | | | | E-mail | | | |
| 通信地址 | | | | | | | |
| 联系电话 | | | | 研究方向及教学科目 | | | |

个人简历（毕业院校、专业、从事过的以及正在从事的项目、发表过的论文）

您近期的写作计划：

您推荐的国外原版图书：

您认为目前市场上最缺乏的图书及类型：

邮寄地址：北京市丰台区金家村 288#华信大厦电子工业出版社工业技术分社
邮编：100036　电话：18614084788　E-mail：lzhmails@phei.com.cn
微信 ID：lzhairs/18614084788　联系人：刘志红